JN115866

下水道持続への挑戦

課題解決先進県「高知」からの発信

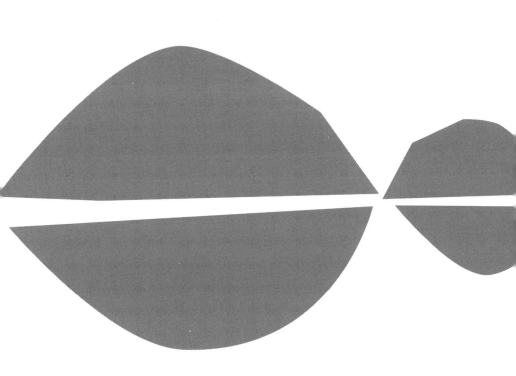

高知家

Challenge to Sustainable
Sewerage System

監修：藤原　拓
日本水道新聞社

目次

第3章　災害に対して強靭な下水道の実現

第4章　地域協働による持続可能な下水道の実現

付録　資料編

本書発刊のねらい
～持続可能な未来の下水道実現に向けて～

高知大学　藤　原　　　拓

　国立社会保障・人口問題研究所の平成30年推計によると、2045（令和27）年の日本の総人口は2015（平成27）年比で83.7％まで減少することが予測されており[1]、人口減少に伴う上下水道使用水量および使用料収入の大幅な減少が想定されます。これに加えて、15－64歳の人口は、同年比で72.3％まで低下すると見込まれています[1]。使用水量の減少に対応したダウンサイジングのみでは15－64歳人口の減少に伴う税収減をカバーすることは不可能であり、持続可能な下水道実現のためには施設の建設・維持コストの大幅低減が必須となります。

　図1は、東京都、埼玉県、北海道、高知県、秋田県の2045（令和27）年における総人口および15－64歳人口の予測を示しています[2]。2045（令和27）年の総人口は2015（平成27）年比で、東京都では100.7％と微増であるのに対して、高知県では68.4％、秋田県では58.8％と大幅に減少する予想となっています。また、15－64歳人口はさらに地域格差が著しく、同年比で東京都は89.9％とほぼ横ばいを維持できているのに対して、高知県では58.6％、秋田県では44.9％となっています。このような人口減少の地域格差を考えると、全国一律の下水道整備や更新は、もはや不可能であり、地域の特性に合わせた持続可能な下水道に生まれ変わる必要があると言えます。

　しかし、実際には下水道の持続を妨げる様々な課題が指摘されてお

1　国立社会保障・人口問題研究所（2018）、「日本の地域別将来推計人口―平成27（2015）～57（2045）年―平成30年推計、人口問題研究資料第340号」
2　同上

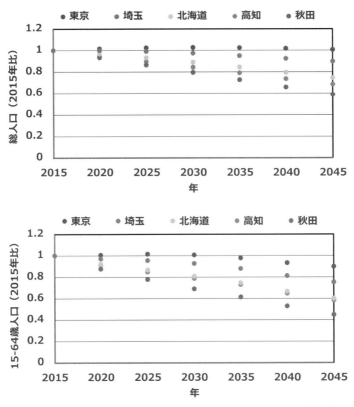

図1　都道府県別の将来人口予測（上：総人口、下：15−64歳人口）

り、①ヒト（下水道関係職員数の減少、技術継承が困難である）、②モノ（下水道施設老朽化による更新需要の増加、ストックの増加による維持管理の経費増大）、③カネ（使用料収入の減少に伴う経費回収率の低下）——に集約されます。前述したように、人口減少は地域間の格差が非常に大きく、またヒト・モノ・カネに集約される課題も地域ごとに異なると考えられ、下水道普及拡大の時代とは異なり全国一律の課題解決は困難です。全国の地方公共団体が、それぞれの状況に応じた解決策を創意工夫し見いだしていくことが求められるでしょう。

高知県は、全国に先駆けて人口減少・高齢化に突入した県です。図2に人口自然増減数を示しますが、高知県では人口の自然減が全国より15年先行して始まっていることが分かります。また、図3に示す65

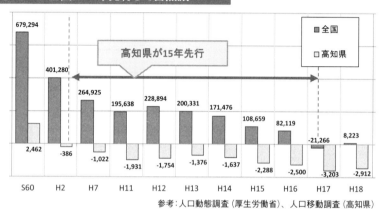

参考：人口動態調査（厚生労働省）、人口移動調査（高知県）

図2　人口自然増減数（全国と高知県の比較）[3]

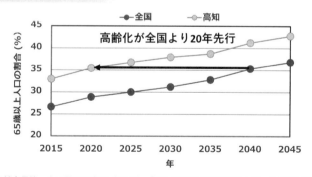

国立社会保障・人口問題研究所（2018）、「日本の地域別将来推計人口―平成27（2015）〜57（2045）年―平成30年推計、人口問題研究資料第340号」に基づき作成

図3　65歳以上人口の割合の推移（全国と高知県の比較）

3　高知県産業振興推進部中山間地域対策課、「高知県の中山間地域の現状と対策〜集落活動センターの取り組みについて〜」

歳以上人口の割合の推移からは、全国と比べ高知県の高齢化が20年先
行していることが読み取れます[4]。

　さらに、高知県の市町村は大変厳しい財政状況にあり、その７割で
は財政力指数が0.30未満、４割では一般会計の単年度収支が実質赤字
という状況です[5]。加えて、災害多発県である高知県では、現在まで
多数の豪雨災害に悩まされ、また南海トラフ地震の発生が懸念される
ことから、厳しい財政状況下においても災害対策が必要不可欠です。

　高知県の下水道はこのように厳しい環境下にあり、図４に示す負の
スパイラルに陥っていました。すなわち、市町村の財政難、人口減
少・過疎化、少子高齢化により下水道の面整備が遅れ、接続率が低迷
することとなったのです。その結果、下水道の管理運営が非効率とな
り、一般財源から予算を繰り入れざるを得ない状況が生じました。そ
して、未着手の地域からは下水道事業が敬遠されるとともに、着手済
みの地域では施設の老朽化が進行することとなりました。また、豪雨
災害への対応を優先し、雨水対策を行ってきた結果、下水道普及率は

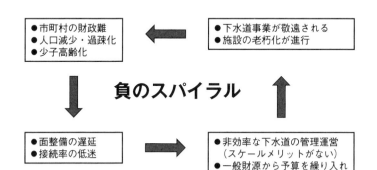

「第１回高知県下水道経営健全化検討委員会　資料３」に基づき作成

図４　高知県における下水道の負のスパイラル

4　前出、「日本の地域別将来推計人口―平成27（2015）～57（2045）年―平成30年推計、人口問題研
　　究資料第340号」
5　第１回高知県下水道経営健全化検討委員会　資料３

40.1％で全国ワースト３位（令和元年度末時点）です。このような負のスパイラルからの脱却を目指し、高知県内では約10年前から革新的な取組みが行われてきました。

　高知県による革新的な取組みとして第一に挙げられるのが、産官学の連携による下水処理新技術の開発・導入です。財政的に厳しい高知県内では、持続可能な下水道の実現のためにコストやエネルギーを大幅に削減できる下水処理新技術の開発が強く求められてきました。開発された３技術を次に紹介します。

　新技術開発の先駆けとなったのが、香南市に導入された「OD法における二点DO制御システム」です。高知大学が平成12年度に開始した基礎研究の成果に基づき産官学（高知大学、香南市、高知県、前澤工業㈱、地方共同法人日本下水道事業団）で技術開発を進め、平成22年度に香南市野市浄化センターでの実証試験に成功しました。現在では、香南市夜須浄化センターをはじめとして、全国９カ所への導入が決まっています。全国の小規模下水処理施設の大半で採用されているオキシデーションディッチ法（OD法）の効率化につながる新技術であり、持続可能な開発目標（SDGs）の達成にも貢献する技術として評価されています[6]。

　２つめは、高知市に導入された「無曝気循環式水処理技術」です。国土交通省は、新技術の研究開発および実用化を加速することにより、下水道事業における課題解決の推進と水ビジネスの海外展開を支援する目的で、B-DASHプロジェクト（下水道革新的技術実証事業）を平成23年度から実施しています[7]。「無曝気循環式水処理技術」は、平成26年度のB-DASHプロジェクトとして採択された標準活性汚泥法

6　国立研究開発法人科学技術振興機構、2019年度「STI for SDGs」アワード　審査結果、https://www.jst.go.jp/sis/co-creation/sdgs-award/2019/result_2019_yusyu_3.html
7　国土交通省国土技術政策総合研究所下水道研究部下水処理研究室、下水道革新的技術実証事業（B-DASHプロジェクト）、http://www.nilim.go.jp/lab/ecg/bdash/bdash.htm（アクセス日：令和２年７月26日）

に代わる省エネ型の下水処理技術であり、産官学（高知市、高知大学、日本下水道事業団、メタウォーター㈱）によるプロジェクトとして高知市下知水再生センターで技術開発が進められ、その成果を国土技術政策総合研究所が「無曝気循環式水処理技術導入ガイドライン（案）」としてまとめています。この技術は、ベトナム国のホイアン市に導入されるなど、国内外が一体となった新技術開発・展開の好事例として期待されています。

　３つめは、須崎市に導入された「生物膜ろ過併用DHSろ床法」です。平成28年度のB-DASHプロジェクトとして採択された水処理技術で、効率的なダウンサイジングが可能です。産官学（三機工業㈱、東北大学、香川高等専門学校、高知工業高等専門学校、日本下水道事業団、須崎市）によるプロジェクトとして須崎市終末処理場で技術開発が進められました。研究成果は、国総研資料「DHSシステムを用いた水量変動追従型水処理技術導入ガイドライン（案）」としてまとめられています。この技術は平成30年度下水道技術海外実証事業の採択技術としてタイ王国（コンケン市）で実証事業が行われており、無曝気循環式水処理技術と同様に、国内外が一体となった新技術開発・展開として期待が寄せられています。

　高知県における新技術開発の取組みは、全国に先駆け、B-DASHプロジェクトの創設以前に開始されました。また、下水処理新技術が県内３カ所に導入されている事例は全国でも限られていることから、持続可能な未来の下水道実現に向けて全国の参考事例になると期待しています。

　高知県による革新的な取組みとして第二に挙げられるのが、下水道経営改善への取組みです。前述したように、高知県の市町村は財政状況が大変厳しく、下水道の持続が危ぶまれる状況にありました。そこで高知県では、内閣府支援事業として高知県下水道経営健全化検討委

員会を平成25～26年度に設置し、6モデル市町村の経営改善策を検討しました。その中で、須崎市についてはこのままの状況で推移すると下水道事業の持続が困難なため、下水道のダウンサイジングを実施すべきとの指摘があり、民間企業の資金、経営能力、技術的能力を活用するPFIの適用性について概略検討が行われました。これらの提言を受けて、須崎市はB-DASHプロジェクトへ応募し、下水処理場のダウンサイジングを実現するとともに、令和2年度からはコンセッション事業を取り入れた公共下水道施設等運営事業を実施しています。公共下水道のコンセッション事業は国内2例目であり、人口5万人を下回る地方公共団体としては国内初の事例です。また、国内初の下水道管きょを含むコンセッション事業となりました。

　高知県による革新的な取組みとして第三に挙げられるのが、防災・減災の推進です。高知県は年間を通じて雨が多く、過去50年（昭和45～令和元年）の年間降水量の平均値は2,629mm、最大値は4,383mm（平成10年）と全国でも有数の降水量があります。このため高知市では、昭和54年度に下水道施設の整備水準を計画降雨強度77mm/hに見直すなど、全国でも屈指の雨水事業に取り組んでいます[8]。いの町では宇治川流域の床上浸水に長年悩まされてきたことから、河川改修事業、排水機場の増強、放水路整備など、様々な床上浸水対策特別緊急事業が行われてきました。これに加えて、国交省の雨水公共下水道事業による内水排除対策を制度創設後全国で初めて工事着手するなど、災害県ならではの先進的な取組みを進めています。

　また、高知県では南海トラフ地震の発生が懸念されています。このことから、都道府県レベルでは初めて、下水道地震・津波対策ガイドラインを平成25年度に策定するなど、下水道の防災・減災対策を積極的に進めてきました。

8　高知市、『高知市下水道中期ビジョン2012　2018改訂版』、p.14

　高知県の下水道は課題が満載であるからこそ、県内の下水道にかかわる関係者が一丸となり、チャレンジ精神をもって課題解決に挑んできました。人口の自然減が全国より15年先行している高知県の革新的な取組みを全国の皆様に知っていただくことによって、全国の地方公共団体の未来の課題解決に貢献できると考えています。このような観点から、高知大学と高知県では平成29年度から「高知から発信する下水道の未来シンポジウム」を開催し、高知県の先進事例を発信するとともに、全国の最先端の取組みを学ぶ機会を設けてきました。第1回は「持続可能な下水道を実現する革新的水処理技術」、第2回は「災害に立ち向かう高知家（こうちけ）の下水道」と題してシンポジウムを開催しました。第3回は高知市を共催団体に迎え、「高知家から広がる持続可能な未来の下水道」をテーマに、延べ250名を超える皆様とともに情報交換をすることができました。本書籍は、これら3回のシンポジウムの内容を最新情報とともに再構成したものです。

　人口減少、下水道職員数の減少、下水道施設の老朽化、厳しい経営状況など、下水道の持続にかかわるヒト・モノ・カネの状況は地域ごとに異なるため、課題解決に向けた全国一律の処方箋はないと考えられます。全国の地方公共団体が、それぞれの状況に応じた解決策を見いだす必要性があります。本書籍で紹介する高知家の挑戦が、全国の下水道事業に関わる皆様のヒントになれば、監修者としてこれ以上の喜びはありません。

第1章

下水道事業の課題と展望

1.1　下水道の強靱化と持続性向上に向けた国土交通省の取組み

国土交通省水管理・国土保全局下水道部長　植　松　龍　二

1　はじめに

　下水道は、浸水の防除、生活環境の改善、公共用水域の水質保全を図るために必要不可欠な基盤施設です。令和元年度末において、下水道処理人口普及率は約79.7％、汚水処理人口普及率は約91.7％となり、いまだ約1,050万人の未処理人口は存在するものの、総体的には、これまでの整備促進の時代から、本格的な管理運営の時代に移行しつつあります。

　人口減少、厳しい財政状況、脆弱な執行体制など下水道事業を取り

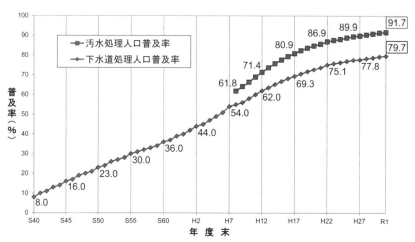

図1　汚水処理人口普及率と下水道処理人口普及率の推移

巻く環境が厳しさを増していく中、地方公共団体においては、適切な下水道事業の運営、施設管理が求められています。

　また、令和2年7月豪雨、令和元年東日本台風、北海道胆振東部地震など、気候変動等に伴う豪雨、大規模地震が発生しています。これらのリスクが高まる中、防災・減災に関する取組みも重要となっており、国土交通省としては、防災・減災、国土強靱化も踏まえた、下水道事業の持続性向上に向けた施策を推進しています。

◆2　具体的な取組み

1.1　防災・減災、国土強靱化

　近年、降雨が局地化、集中化、激甚化しているとともに、大規模地震が頻発しており、「防災・減災、国土強靱化のための3か年緊急対策」も踏まえ、耐震化を含めた施設の整備による「ハード対策」、内水ハザードマップの公表やBCPの作成等による「ソフト対策」の両面から、選択と集中の考え方の下、計画的な取組みを推進しています。

　令和元年東日本台風においては、下水道施設の能力が不十分であったことや放流先の河川水位が上昇したことなどが要因となり、内水が原因と考えられる浸水被害が、東日本を中心に約3万戸発生するとともに、下水処理場17カ所で浸水被害等により一時的に機能が停止しました。

　本災害も踏まえ、令和元年12月に「気候変動を踏まえた都市浸水対策に関する検討会」を設置し、令和2年6月には検討会から提言を頂きました。気候変動の影響を踏まえた下水道の計画雨水量の設定、下水道施設の耐水化対策、出水期における樋門等の操作ルール、内水ハザードマップの作成の加速化など、ハード・ソフト両面から下水道の浸水対策として進めるべき施策を取りまとめています。

　国交省としては本提言も踏まえ、地方公共団体に対し、各施策の基

本的な考え方を提示し、併せて、必要な対策の実施を要請しました。

1.2　持続性の向上

　人口減少、厳しい財政状況・執行体制、増大するストックなどを踏まえ、ICTなど新技術を最大限活用しつつ、ストックマネジメント、広域化・共同化、官民連携、下水道資源の有効利用、さらに適切な下水道使用料の確保に向けた取組みなどを推進しています。

　ストックマネジメントについては、平成27年度に下水道法を改正し維持修繕基準を、平成28年度に「下水道ストックマネジメント支援制度」を創設し、計画的な点検・調査、改築を促進しています。さらに、膨大なストックである下水道施設について、効果的・効率的な点検・調査、修繕、改築を実施するため、ICTを活用し、施設の設置状況、維持管理情報等をデータベース化し、維持管理を起点としたマネジメントサイクルの確立を目指しています。

　また、現在、全ての都道府県で広域化・共同化計画の策定に向けた検討を進めています。関係省と連携し、先行して計画策定に取り組む都道府県での検討、広域化・共同化の事例集や計画策定マニュアルの作成などを通じて地方公共団体の取組みを支援しています。さらに中核市等を核とした広域化・共同化、日本下水道事業団や下水道公社など第三者機関による補完を含めた広域化・共同化を検討し、結果を水平展開するなどして取組みの加速を図っています。

　官民連携、下水道資源の有効利用について、包括的民間委託は処理場が全体の約2割で、管路が38件で導入されており、PFI方式（従来型）やDBO方式も下水汚泥の有効利用施設を中心に37件導入されています（令和2年4月1日現在）。

　コンセッション方式に関しては、平成30年4月に開始した静岡県浜松市で、令和2年4月に高知県須崎市でそれぞれ事業が開始されました。また、令和2年3月に宮城県で事業者公募が開始され、優先交渉

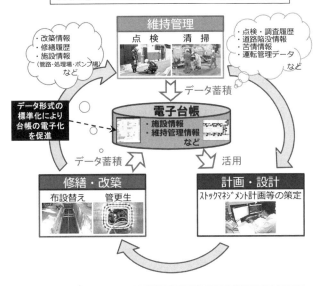

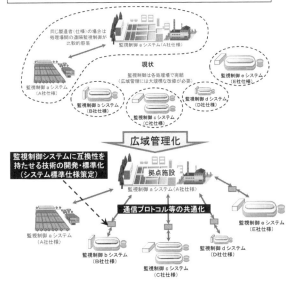

図2　デジタルトランスフォーメーションによる下水道管理の効率化

権者の選定中です。今後とも、各地方公共団体の実情を踏まえた官民連携を推進していきます。

　また、下水道が有する資源・エネルギーポテンシャルを活かした収入の多角化、地域の憩いやにぎわいの創出等、下水道施設を魅力あふれる地域の拠点として再生する取組みを「下水道リノベーション」として推進しています。

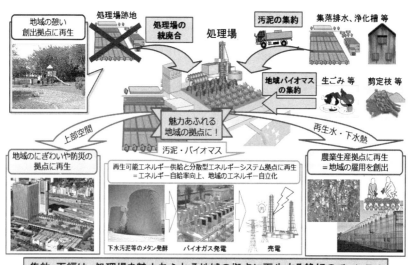

図３　下水道リノベーションのイメージ

③　下水道政策研究委員会制度小委員会

　国交省では、前述した取組みをさらに推進するために、法令等の制度に関する課題を検証し、国として制度化や制度改善を図るべき事項を取りまとめるべく、令和元年12月に（公社）日本下水道協会と共同で、「下水道政策研究委員会制度小委員会」を設置し、令和２年７月

に報告書が取りまとめられました。

　報告書では、気候変動を踏まえた浸水対策の強化、下水道事業の持続性の確保、人口減少など社会情勢の変化への対応などについて取りまとめられています。

　気候変動を踏まえた浸水対策の強化に関しては、浸水リスクの評価結果の公表・周知とこれを踏まえた中長期的な計画を事業計画の上位計画として策定することを促進するための制度化、樋門等の操作ルールの策定を促進するための制度化、下水道施設の耐水化促進のための制度化の検討などが挙げられています。

　また、下水道事業の持続性の確保に関しては、ストックマネジメントの高度化に向け、台帳電子化を促進するためのデータ形式の標準化とオープンデータ化のルールづくりを早急に進めること、経営健全化に向け、将来の改築費用を含む収支見通しの作成・公表をするとともに、使用料算定期間の設定と定期的な収支構造の適切性の検証・見直しを促進するための制度化を検討すること、広域化・共同化の推進に向け、国・都道府県・市町村それぞれの役割を明確化するとともに、都道府県が広域化・共同化の計画を策定し、国が積極的に関与していくための制度化を検討することなどが挙げられています。

　そして、同小委員会から人口減少など社会情勢の変化等を踏まえた制度改善のあり方についても提言をいただきました。将来的に人口減少に伴い、下水道の既整備区域の一部を合併浄化槽に切り替える必要が生じる場合も想定されるため、当該地域の実情を詳細に調査・把握した上で、汚水処理の経済性や地域・環境への影響等、区域縮小の判断基準を検討すること、また、直接投入型ディスポーザーによる生ごみの受け入れや紙オムツ処理装置を利用した紙オムツの受け入れについて、現行法制度の枠組みの範囲で受け入れ意向のある地方公共団体が取り組みやすくなるよう支援を行うことも報告書に盛り込まれてい

ます。

　国交省としては、今後、関係機関の意見を聴取しつつ、優先度の高いものから順次、具体的な制度設計を行い、制度化等を図っていきます。

◆４　おわりに

　令和２年７月に公表された「経済財政運営と改革の基本方針2020」において、防災・減災、国土強靱化、激甚化・頻発化する災害への対応、デジタルトランスフォーメーションの推進、持続可能な地方公共団体の実現等、などの施策が明記されています。国交省として、本基本方針も踏まえ、下水道の強靱化と持続性向上に向け、必要な制度化や国自らB-DASHプロジェクト（下水道革新的技術実証事業）等の技術開発に取り組むとともに、財政的、技術的な様々な支援をしていきます。また、国際的には、持続可能な開発目標に「未処理の汚水の割合半減」という目標も掲げられており、海外においても下水道整備に関して大きなニーズがあります。これまで蓄積された日本の優れた技術・ノウハウを最大限に活かして、地方公共団体や民間企業等と連携しながら、下水道技術の国際展開も一層推進していきます。

1.2　高知家における下水道の現状と課題解決の方向性

高知県土木部公園下水道課　小　松　真　二

1　高知家の下水道整備の現状と課題

　高知県の下水道は、本県特有の気象条件において台風、豪雨による雨水氾濫防止や浸水解消などの防災対策に多大な投資を余儀なくされました。このため、公共下水道による汚水処理整備の立ち後れが著しい状況にありました。昭和55年時点では県都高知市のみ下水道を供用しており、下水道普及率は3.6％でした。その後、公共用水域の水質保全や生活環境の改善を目的として、平成8年に6市10町1村（市町村合併前）で下水道整備を行いました。

　一方、県内人口は昭和60年をピークに減少の一途をたどりました。平成2年には県内人口が自然減となった傾向などを踏まえ、平成10年に高知県全県域生活排水処理構想を策定し、将来推計人口が減少する前提で経済的な生活排水処理システムを選定してきました。その後もさらなる人口減少や少子高齢化の本格化等の社会情勢の変化を踏まえ、平成15年、24年および30年に構想を見直し、施設整備を進めています。

　これらの取組みの結果、令和元年度末現在では、8市6町1村で供用開始しており、下水道の普及率は40.1％と全国平均の79.7％に比べ低迷しているものの、約28万人の県民が下水道整備の恩恵を受けています。

　しかしながら、高知県では局地的な豪雨への対応や下水道施設の老

朽化に伴う改築費用増大への対応、地震津波対策など、全国的な課題のほかにも全国に先んじて進む過疎化や市町村の財政難による下水道面整備の遅延、高齢化の進行による接続率等の低迷などの課題があり、県内の下水道を取り巻く厳しい環境の中で、持続可能な未来の下水道のあるべき姿を考え、課題を1つずつ解決する必要がありました。

❷ 「課題解決先進県」として

　多くの課題がある中、まずは、下水道事業の未普及の原因と思われた整備コストや更新費用の低減を図るため、高知大学の藤原拓教授が長年研究されていた「OD法における二点DO制御システム」を香南市で平成21年度に実用化しました。その効果を全国展開することで、人口減少社会における効率的で効果的な下水道整備について一定の解決方策を示すことができ、その後の高知市の「無曝気循環式水処理技術」へとコスト縮減の取組みが進んでいきました。

　さらには、県内市町村における下水道経営健全化の手法を検討することを目的に、平成25年には「高知県下水道経営健全化検討委員会」を設置し、下水道経営改善策を取りまとめました。須崎市では下水処理場のダウンサイジングを実現するとともに、2020年度よりコンセッション事業を取り入れた公共下水道施設等運営事業を開始するなど、一定の成果が出始めていると考えています。

　また、地震・津波対策についても、「高知県下水道地震・津波対策検討委員会」を平成24年度に設置し、下水道施設の地震・津波対策の課題に取り組みました。そして、市町村との勉強会および5回の委員会を経て、平成25年度に「高知県下水道地震・津波対策ガイドライン」（以下、「ガイドライン」という。）を策定しました。現在は、ガイドラインの修正を含めた市町村との勉強会の準備を進めているところです。

　さらに、局地的な豪雨への対応や下水道施設の老朽化に伴う改築費用の増大への対応についても取り組んでいます。本県では平成26年と30年の台風や豪雨により、市街地で浸水被害が発生したこともあり、国土交通省や県の河川担当課、被災を受けた市町とともに流域一体で対応に当たっています。下水道施設の老朽化対策については、令和元年度末現在、県内7市町がストックマネジメント計画を策定しており、下水道施設の長寿命化に取り組んでいるところです。

　以上のように、課題満載県である高知県が課題解決先進県に変遷していった10年間について、下水道経営改善策をまとめた「高知県下水道経営健全化検討委員会」での取組み、「高知県下水道地震・津波対策ガイドライン」をまとめた「高知県下水道地震・津波対策検討委員会」での取組みを整理し、次に示します。

◇ 3 　下水道経営健全化へ

　平成25年に「高知県下水道経営健全化検討委員会」において取りまとめた下水道経営改善策については、モデルとなる6市町村（安芸市、芸西村、南国市、いの町、須崎市、四万十市）を対象とし、過年度の財務評価を行った上で、既存市街地における生活排水処理の実態や既存施設の処理能力、周辺の類似する生活排水処理施設の状況などを総合的に勘案し、経営改善の可能性について検討しました。さらに、LCC比較により経営改善効果の評価を行い、複数の改善策について段階的な対策を実施し、最も相応しい経営改善策の提案を行いました。

　また、それぞれの地域によって住民のニーズも異なるため、市町村の財政事情や地域特性を踏まえた上で、現在の技術や制度で想定される様々な改善策を実施した場合の今後50年間の財務評価を行いました。その改善効果がどのレベルに達しているのか、また、市町村が求

めるレベルに達するためには使用料がどのくらい必要なのかという視点で経営改善策について整理しました。

　この中で、須崎市については、このままの状況で推移すると下水道事業の存続が困難であり、下水道のダウンサイジングを実施すべきことが指摘されるとともに、民間の資金、経営能力、技術的能力を活用するPFIの適用性について概略検討を行いました。これらの提言を受けて、須崎市はB-DASHプロジェクト（下水道革新的技術実証事業）に応募し、前述の通り下水処理場のダウンサイジングに着手しました。さらに令和2年度からコンセッション事業を取り入れた公共下水道施設等運営事業を開始しています。

　このようなことから、同委員会での提言が皆様の課題解決の一助となればと思い、以下に紹介します。

〈提言〉

　下水道は、住民生活の重要なライフラインを担い公衆衛生の向上と公共用水域の水質保全を達成するとともに、社会資本としても大きな資本ストックを有しているため、日々の運転管理はもちろんのこと、多種多様な資産を維持しなければなりません。しかしながら、自治体の財政難による面整備の遅延や人口減少、高齢化による接続率の低迷等から使用料金が伸びず、さらには改築更新需要の増加や地震・津波対策による新たな投資等、自治体の健全な下水道の運営に支障をきたしています。

　下水道経営の観点では、将来における改築更新・増設の需要を的確に把握するなどの「持続可能な事業運営」の維持が必要であり、このためには、「健全な施設管理（モノ）」と「健全な経営（カネ）」の継続、「健全な組織（ヒト）」の構築が重要となります。

　将来予測に当たっては、長期的な視点に立った計画的な更新投資計

画の構築が必要であり、現状の財務状況や既存施設の劣化度などを的確に評価した上で、需要予測は住民サービスレベルを考えつつ、過大な投資とならないよう、地域の実績値を用いた推計など、地域特性を十分踏まえた評価が必要となります。また、過去の評価や将来予測については、不確実性の要素が含まれているため、経営リスクを事前に把握することも忘れてはなりません。

　なお、経営改善策の効果については、住民目線による見える化が求められており、効果やその度合い等を目に見える形で表現しなければなりません。

◆4　南海トラフ地震対策

　高知県では、近い将来に南海トラフ地震の発生が予測されていることから、地震対策を推進していた中、平成23年3月11日に国内観測史上最大のマグニチュード9.0を記録した東日本大震災が発生し、大地震と巨大津波により被災地では大きな被害が発生しました。特に津波による被害が甚大で、映像や現地視察を通して、今まで以上に現実的な問題としてとらえ、喫緊の対策が必要であると再認識する契機となりました。そして、この地震を機に、全庁をあげて、南海トラフ地震対策の加速化に取り組むこととなりました。

　平成24年3月31日には、内閣府から南海トラフの巨大地震による津波高の見直しが発表されました。その推計結果は、国内最大の30mを超える津波が県内に押し寄せるという衝撃的なもので、下水道施設の多くは、巨大地震による強い揺れと、巨大津波による被害（処理場・ポンプ場68施設のうち、52施設が浸水）を受ける想定となりました。

　このような被害想定から、下水道施設の早急な対応が必要と考えられましたが、県内の下水道施設では巨大地震への対応に未着手であることや被害想定が大きいことから、何から着手し、何を守るべきかと

いう問題に直面しました。

　また、南海トラフ地震は広範囲に、同時に被害をもたらすことから、県内の下水道施設の地震・津波対策を一体的に推進する必要がありましたが、市町村ごとに異なる職員数や職員の経験年数、財政状況を配慮しなければなりませんでした。

　このような背景から、学識者、下水道専門家、国および下水道管理者（市町村、県）で構成する「高知県下水道地震・津波対策検討委員会」を平成24年度に設置し、平成25年にガイドラインを策定しました。

　ガイドラインは、南海トラフ地震などの巨大地震が発生しても、県民の命と生活を守れるように、下水道が有すべき5つの機能の確保（①命を守る、②トイレの使用の確保、③公衆衛生の保全、④浸水の防除、⑤応急対策活動の確保）を基本方針としています。

　策定に当たっては、市町村と県が一体的に取り組むために、3つのことに留意しました。

　1点目に、下水道管理者が自ら地震・津波の被害想定を行い、対策方針を決定することで、対策実現に向けた行動の道筋を示すこととしました。

　2点目に、被害想定や財政事情による地域の実情を反映するために、防災対策（ハード）と減災対策（ソフト）の両面から目標を達成できるよう選択肢に幅を持たせることとしました。

　3点目に、経年的な防災力の変化に伴い、被害想定も変化することから、必要に応じてガイドラインを見直せるように発展性のあるものとしました。

　このガイドラインを基に、全ての市町村で「下水道地震・津波対策計画」および「下水道BCP」を策定しました。ハード対策である地震・津波対策は、財政状況等によってはすぐに実施できない市町村もあり

ますが、8市町村と1流域で「下水道総合地震対策事業」として、施設の耐震化や防水ゲートの設置等を行っています。下水道BCPでは、市町村ごとに訓練計画を定めており、毎年開催している市町村担当者会で訓練結果を報告し、他の市町村の訓練を参考に、次の訓練計画を考えることができるようにしています。

　また、ガイドラインの検討段階において、県内市町村の大半では、下水道担当者が少数で、複数の事業を兼務しているため、巨大地震発生時には、下水道の災害に対応できない事態が生じることが明らかとなりました。このため、災害支援が円滑に行えるよう、16市町村と県による相互支援協定を締結しました。さらに、広域支援の全国ルールを活用するとともに、関係団体である地方共同法人日本下水道事業団や（公社）日本下水道管路管理業協会などの団体と支援協定を締結しました。

　ガイドラインの策定から約7年が経過し、下水道の整備促進による管理施設の増加や地震・津波対策工事の進捗により被害想定が変化している市町村も出てきました。また、ガイドライン策定時の担当職員の異動により、地震・津波対策に対する意識の変化も出てきています。このため、定期的に計画の見直しに向けた市町村との勉強会を行い、地震・津波対策を継続的に取り組むことが必要であると考えています。

◇5 おわりに

　これまで、「課題満載県」から「課題解決先進県」へと変遷する取組みを続けてきた10年間について紹介しました。

　特に「OD法における二点DO制御システム」の実用化、「高知県下水道経営健全化検討委員会」や「高知県下水道地震・津波対策検討委員会」の実施に当たっては、市町村、国交省、高知大学、日本下水道事業団、（公財）日本下水道新技術機構、コンサルタント、メーカー

等、多くの方のご尽力のおかげで成し得ることができたと考えています。

　これからも多くの課題が発生すると思いますが、私たちは高知家として、市町村とともに「持続可能な未来の下水道」に向けて取組みを推進していきます。

第2章

新技術による
持続可能な
下水道の実現

2.1 「OD法における二点DO制御システム」による地域課題解決

香南市上下水道課

1 現状と課題

　香南市（図1）は、平成18年3月1日に赤岡町、香我美町、野市町、夜須町、吉川村の5町村が合併してできた、面積126.46km^{2}のまちです。

　人口は、表1（平成29年3月末と平成31年3月末現在の人口を対比）に示しており、薄く着色している香我美町、野市町、夜須町において下水道事

図1

表1　香南市の人口

H29年3月末

	赤　岡	香我美	野　市	夜　須	吉　川	香南市
男	1,311	3,104	9,225	1,728	830	16,198
女	1,493	3,054	10,092	1,891	878	17,408
人　口	2,804	6,158	19,317	3,619	1,708	33,606
世　帯	1,434	2,704	7,885	1,652	920	14,595

H31年3月末

	赤　岡	香我美	野　市	夜　須	吉　川	香南市
男	1,246	3,095	9,238	1,675	803	16,057
女	1,429	2,984	10,099	1,819	846	17,177
人　口	2,675	6,079	19,337	3,494	1,649	33,234
世　帯	1,402	2,760	8,179	1,635	906	14,882

業を実施しています。香南市人口の半分以上が野市町に集中し、香我美町および夜須町については人口減少が進んでいます。また、交通の利便性が高い野市町で微増となっています。

　香南市の汚水処理計画は、下水道全体計画一般図（図2）に示す通り、公共下水道事業が野市処理区、特定環境保全公共下水道事業が岸本および夜須処理区、漁業集落排水事業が1地区、農業集落排水事業が6地区、計10地区の処理場で汚水処理を行っています。なお、下水道計画区域以外は、全て合併処理浄化槽（個別）で整備すべき区域としています。

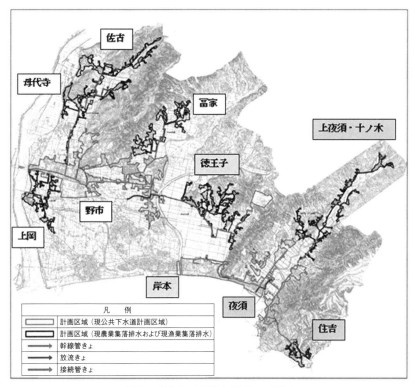

図2　香南市下水道全体計画一般図

　香南市下水道事業における現状と課題とその取組みについて、主に野市処理区での事項を述べていきます。

　香南市汚水処理事業処理区ごとの整備状況（表2）は、平成30年度末現在で、野市処理区の汚水管きょ整備全体計画の半分程度（121ha）の整備を終えたところで、野市処理区以外の下水道整備は、ほぼ完成しています。

　高知県全県域生活排水処理構想の見直しに伴い人口減少や計画汚水量の変更など香南市の汚水処理計画に関する課題の抽出を行い、維持管理費の軽減、汚水量原単位の変更および人口減に対応するため香南市下水道全体計画の見直しを平成24年度に行っています。

　この全体計画の見直しにおいて、令和12年度の香南市全体の人口は32,000人の設定となっており、平成22年度末の香南市全体人口より1,830人の人口減と推定され、各処理区別処理人口設定結果では、各

表2　香南市汚水処理事業整備状況

種　　別	旧町村名	処理区	処理区面積（ha）		
			整備済み	現事業計画	現金休計画
下水道	野市町	野市	121	187.7	236
	夜須町	夜須	83	98	105
	香我美町	岸本 自衛隊除く	53	53	54
	香我美町	岸本 自衛隊地区	21	21	21
	香我美町	岸本 合計	74	74	75
農業集落排水	野市町	母代寺	128	128	128
	野市町	佐古	46	46	46
	野市町	上岡	30	30	30
	野市町	中山田（富家）	47	47	47
	夜須町	上夜須・十ノ木	29	29	29
	香我美町	徳王子	68	68	68
	夜須町	住吉	5	5	5

※整備状況は、平成30年度末時点

処理区において軒並み区域内人口の減少が予測されています（表3）。
野市処理区においても、旧計画人口11,070人に対して令和12年には
9,290人となり、処理区内人口が旧計画よりも1,780人少なくなるとい
う結果となります。

　汚水量原単位（日平均）については、上水道節水機器等の普及に
よって水道使用量が旧計画値より減少傾向となっているため、汚水流
出量を再設定し、380L/人/日から310L/人/日に減じています。

　これらの人口予測および汚水量原単位の見直し数値により、野市処
理区の汚水量を算定すると、旧計画の日最大汚水処理量7,000m³/日に
対して1,880m³減の5,120m³/日の処理施設能力で足りるという結果と
なります。

　このようなことから、これからの人口減少に対応し、限られた職員

表3　処理区別計画処理人口設定結果

処理区名	地区名	計画人口（人）							備　考
		①現計画	②今回見直し計画						
			現況(H22)	H27	R2	R7	R12	R12-現計画	
野市	野市	11,070	9,820	9,810	9,720	9,520	9,290	-1,780	
	母代寺	－	900	900	890	870	850	－	
	佐古	－	1,100	1,100	1,090	1,070	1,040	－	
	上岡	－	1,090	1,090	1,080	1,060	1,030	－	
	中山田	－	770	770	760	740	730	－	
	徳王子	－	1,060	1,050	1,050	1,020	1,000	－	
	自衛隊	744	740	740	740	740	740	-4	汚水量は点投入扱いとする。
	計	11,070	14,740	14,720	14,590	14,280	13,940	2,870	
夜須	夜須	3,940	2,110	2,100	2,080	2,040	1,990	-1,950	
	岸本	1,100	1,290	1,290	1,280	1,250	1,220	120	自衛隊地区を除く。
	上夜須・十ノ木	－	680	680	670	660	640		
	住吉	－	200	200	200	200	190		
	計	5,040	4,280	4,270	4,230	4,150	4,040	-1,000	
合　計		16,110	19,020	18,990	18,820	18,430	17,980	1,870	

と経費で維持管理を可能にする汚水処理場計画（処理の能力および箇所数）の見直しが必要となり、それに対応するべく香南市下水道全体計画を作成しました。

2　効率運転へ二点DO制御システムを導入

　香南市下水道全体計画の軸となるのが「オキシデーションディッチ（OD）法における二点DO制御システム」であり、その機械装置は、送風機と散気装置、2カ所に配置された光学式の溶存酸素計（以下、「DO計」という。）および水流発生装置2基で構成されています（図3）。この水流発生装置は羽のついた円柱形であり、槽内の下層から表層まで同程度の流速に制御できることから、他方式の曝気撹拌機と比べて低速回転で槽内の適正流速を確保できます。また、光学式セ

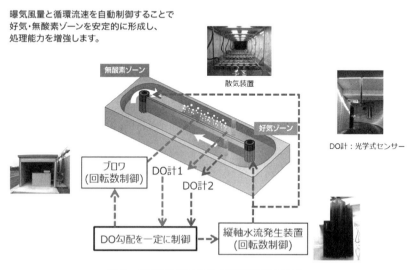

図3　OD法における二点DO制御システム

ンサーのDO計は、従来のDO計と異なり、センサー部分を自動洗浄しながら溶存酸素濃度を常時測定できるようになっています。

　このシステムは、光学式のDO計を曝気部の直後（DO計1）と下流部（DO計2）の2カ所に設置し、曝気風量および槽内の流速を自動制御することにより、好気ゾーンと無酸素ゾーンを適切に作り出し、有機物および窒素を効率的に処理する方式です。汚水流入量が増え、汚濁負荷が高くなる朝晩の時間帯は、有機物の分解により槽内の微生物の活動が活発になり酸素消費量が増えるため、曝気量を増やし、槽内の流速を速くし好気ゾーンを確保します。深夜などの汚水流入量が少ない時間帯は、酸素消費量が減るため、曝気量と流速を落とし無酸素ゾーンを確保します。この方式により、有機物および窒素の安定した除去、曝気風量の適切な制御などによる消費電力の削減、処理時間の短縮を同時に実現可能としています。なお、野市浄化センターでの実証実験（平成22〜23年）では、曝気槽内滞留時間を設計値（24時間）の半分（12.3時間：日最大）で同程度の汚水処理が可能で、平成21年度の同センター実績値に対して約1／3の電力で処理ができるという省エネ効果が報告されています。

　これらの実証実験結果に基づき、処理場の維持管理の軽減、汚水量原単位の変更と人口減に対応するため処理場の統合などを検討し、香南市下水道全体計画の見直しを行いました。

　香南市下水道統合計画（図4）において、濃い色の部分（佐古、母代寺、上岡、中山田、徳王子、自衛隊）を野市浄化センターに、薄い色の部分（岸本、上夜須・十ノ木、住吉）を夜須浄化センターに統合する計画です。これは、野市浄化センターと夜須浄化センター以外の処理施設を汚水中継ポンプ場に改造し、近隣の公共下水道汚水管に接続して処理場の統合を行うものです。汚水処理場を統合し、2処理場にて処理することで維持管理費の削減を図ることができます。

図4　香南市下水道統合計画（全体計画）

　見直し後の施設計画において野市処理区は、農集排事業の統合により区域面積が230haから442haへ、計画人口が11,070人から14,680人へ、1日当たりの処理能力が7,000m³から7,500m³へ増加しています。夜須処理区でも統合計画により、区域面積が105haから194haへ、計画人口が3,940人から4,040人へ、1日当たりの処理能力は、人口減と汚水原単位の見直しにより、現有処理能力2,666m³のままとなっています。岸本の汚水処理施設は、夜須処理区への統合のため廃止予定です（表4）。

　なお、見直し後の施設計画では、二点DO制御システムの実証実験結果を考慮し、OD法通常処理能力の1.5倍程度への汚水処理能力の増加を見込んでいます。

表4 全体計画概要（施設計画）

項　目		野市処理区	夜須処理区	岸本処理区	備　考
区　分		単独公共下水道	特定環境保全公共下水道	特定環境保全公共下水道	
事業着手年次		平成2年度（1990）	昭和57年度（1982）	平成9年度（1997）	
供用開始年度		平成15年度（2003）	平成3年度（1991）	平成14年度（2002）	
	計画目標年次	令和12年度（2030）	令和12年度（2030）		（H42）
	区域面積（ha）	442	194		2処理区合計：636ha
	計画人口（人）	14,680	4,040		2処理区合計：18,720人
処理場	処理施設名	野市浄化センター	夜須浄化センター	廃　止	
	処理能力（m³/日）	7,500	2,666		
	系列数	4/4	2/2		
	流入水質（mg/L） BOD	160	160		
	SS	130	135		
	計画放流水質BOD（mg/L）	10.0	10.0		
	処理方式	高負荷二点DO制御OD法＋急速ろ過法	高負荷二点DO制御OD法＋急速ろ過法		
ポンプ場	ポンプ場名称	東町汚水中継ポンプ場	－	－	
	計画汚水量（m³/分 時間最大）	3.05	－	－	
	台　数（内　予備台数）	3（1）	－	－	
	能　力（m³/分 時間最大）	4.6	－	－	
	ポンプ場名称	みどり野汚水中継ポンプ場	－	－	
	計画汚水量（m³/分 時間最大）	1.06	－	－	
	台　数（内　予備台数）	2（1）	－	－	
	能　力（m³/分 時間最大）	1.6			

二点DO制御システム採用により、汚水処理能力（OD槽能力）は**1.5倍程度まで能力増加**を見込んでいる。（実証実験では、HRT＝12時間〈通常24時間〉での運転にて確認。今後の運動実績〈流入水質等〉を踏まえながら検証する。）

　現在の野市浄化センター施設計画（図5）ではOD槽が4池必要となっており、現在は、スクリュー型曝気攪拌装置1池と二点DO制御システム1池（平成22年度整備）のOD槽2池を稼働しています。旧計画では1池当たりの日最大処理汚水能力を1,750m^3/日としていますが、新技術の二点DO制御システムを採用し処理能力を通常の1.5倍見込むことで1池当たりの日最大処理汚水能力が2,625m^3/日となり、3池で1日当たり7,875m^{3}の処理ができるため、OD槽1池分の建設費が不要になると考えています。

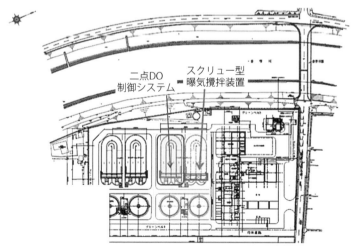

図5　上：野市浄化センター、下：同センター計画配置図

　また、二点DO制御システムの消費電力量について前澤工業㈱により平成28年6月から令和元年9月まで調査が行われ、その節電効果について報告されています。

　野市浄化センターでの二点DO制御システムの原単位の平均は0.3kWh/m³であり、平成26年に（公財）日本下水道新技術機構から出された「活性汚泥法等の省エネルギー化技術に関する技術資料」において報告された一般的なOD法の原単位0.5kWh/m³と比べ40％の節減効果があったことになります（図6）。なお、香南市独自で算出した2池分をまとめて算出した原単位は、平成30年度分で0.531kWh/m³となっていました。

　夜須浄化センターでは、流入量が少なく曝気時間を20時間に抑えた間欠運転となっていますが、原単位の平均が0.39kWh/m³で一般的なOD法に比べ22％の節減効果となっています。なお、横軸曝気撹拌装

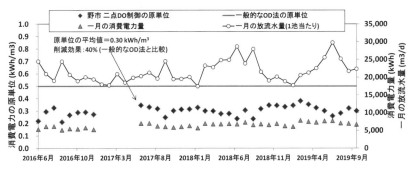

図6　野市浄化センターでの節電効果

置故障により、二点DO制御システム1池で全量処理した平成29年8月から平成30年9月の期間での原単位は0.24kWh/m³となり節電効果は上がっています（図7）。

　処理水質につきましては、二点DO制御システムOD槽からの最終沈殿池で採水した水質検査の平均値に関して前澤工業㈱および香南市の検査結果で、双方とも良好な水質検査値となっています（表5）。

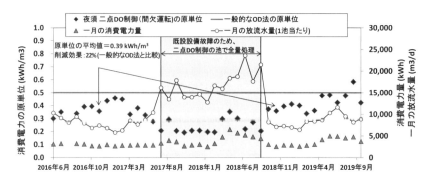

図7　夜須浄化センターでの節電効果

表5 水質検査値

夜須浄化センター（OD法＋塩素滅菌）
No.1-1池（二点DO制御OD法）
運転方法：間欠曝気ー連続撹拌
2016/4/1〜2019/10、測定回数：88回

項目	単位	流入水	処理水	目標水質
BOD	mg/L	155	2.5	10
SS	mg/L	149	4.6	40
T-N	mg/L	36	3.7	−
NH_4-N	mg/L	20	1.2	−
NO_3-N	mg/L	−	1.7	−

前澤工業㈱実施

野市浄化センター（OD法＋砂濾過＋オゾン滅菌処理）
No.1-2池（二点DO制御OD法）
運転方法：二点DO制御
2016/4〜2019/10、測定回数：10回

項目	単位	流入水	処理水	目標水質
BOD	mg/L	127	0.9	10
SS	mg/L	128	1.5	40
T-N	mg/L	27	0.6	−
NH_4-N	mg/L	21	0.06	−
NO_3-N	mg/L	−	0.2	−

前澤工業㈱実施

〈参考〉平成30年度 夜須浄化センター
　　　　年間平均水質

項目	単位	流入水	処理水
BOD	mg/L	165.8	1.3
COD	mg/L	89.7	4.9
SS	mg/L	123.4	1.2
窒素含有量	mg/L	27.45	2.63
燐含有量	mg/L	2.86	1.11

香南市実施

〈参考〉平成30年度 野市浄化センター
　　　　年間平均水質

項目	単位	流入水	処理水
BOD	mg/L	120	1.2
COD	mg/L	93	3.3
SS	mg/L	110	<1.0
窒素含有量	mg/L	25	0.83
燐含有量	mg/L	2.8	1.43

香南市実施

③ おわりに

　「OD法における二点DO制御システム」は、通常のディッチ槽を大きな改造なしで利用することができ、節電効果および処理能力の増強が図られ、将来の人口減（汚水流入量の変動）に対応することが可能なシステムとなっています。また、本システムは、平成27年度に国土交通大臣賞「循環のみち下水道賞」グランプリを受賞、令和元年度に第1回目の「STI for SDGs」アワード優秀賞を受賞しています。アワード優秀賞の授賞理由としては、17あるSDGsの目標のうち、本技術が汚水処理能力の向上により下水道普及拡大に寄与することから「6．安全な水とトイレを世界中に」、汚水処理にかかる電気量を減ら

せることから「7．エネルギーをみんなにそしてクリーンに」、汚水処理コストの縮減によりライフラインである下水道事業の持続性を高められることから「11．住み続けられるまちづくりを」、節電効果により二酸化炭素の排出量を低減できることから「13．気候変動に具体的な対策を」という4つの目標に合致していることが挙げられました。

　汚水処理人口普及率が全国ワースト3位で、人口減少や財政難に直面している高知県において開発された本技術は、他の地方公共団体での導入が進んでいます（図8）。地道な研究によって確立された基盤技術を産官学の協働により実用化につなげ、汚水処理の向上、持続可能なまちづくりを実現した好事例として高く評価されており、「下水道施設計画・設計指針と解説—2019年版—」（（公社）日本下水道協会）

図8　二点DO制御システムの広がり

にも本技術が課題解決事例として記載されています。今後も本技術の効果を活用・検証し、持続可能な下水道事業の運営に寄与していきたいと考えています。

2.2 「無曝気循環式水処理技術」による地域課題解決

高知市上下水道局　尾　﨑　　歩

1　現状と課題

　高知市は、高知県の人口の4割以上にあたる約33万人が暮らす地方中核都市で、公共下水道事業は、昭和23年に戦災復興の中で浸水対策を中心に事業着手し、昭和44年には下知下水処理場（現：下知水再生センター）の供用を開始しました。現在では、市内を4つの処理区（下知、潮江、瀬戸、浦戸湾東部）に区分し、4カ所の処理場（下知・潮江・瀬戸水再生センター、県管理の高須浄化センター）と、24カ所の雨汚水ポンプ場、約1,100kmの下水道管きょを整備し、令和元年度末の処理区域内人口は207,333人、人口普及率は63.7%となっています。

　平成26年度に、水道事業との組織統合を行い、地方公営企業法を適用し、経営の健全化や効率化に取り組んでいます。しかしながら、人口減少の進行や節水機器の普及による下水道使用料の伸び悩み、施設や管きょの老朽化による改築・更新費の増大など、経営環境はますます厳しくなっていく見通しです。

2　課題解決のための（革新的な）取組み

　平成23年度に策定した高知市下水道中期ビジョン2012（現在は、2018改定版）では、「環境と共生した持続可能な循環型社会の創出」を基本理念とし、省エネ・創エネ、資源循環を目指しています。

　「無曝気循環式水処理技術」は省エネ技術であり、ランニングコス

トが抑えられる技術であること、既存の標準活性汚泥法の土木躯体を利用して導入可能とされ、イニシャルコストも抑えられることから、基本理念に合致した技術であると考えました。また、本技術は、温暖な気候に適しており、ベトナムのダナン市で既に実証実験が進められ、一定の成果が得られています。

　このことから、比較的温暖な気候である高知市において、平成25年度から小型実験施設での共同研究を高知大学、メタウォーター㈱、高知市の3者で行いました。比較的良好な結果が得られたことから、平成26年度に国土交通省のB-DASHプロジェクト（下水道革新的技術実証事業）に応募したところ採択されました。既に土木躯体が完成していた下知水再生センター（東）の7池目に6,750m³/日の実規模で実証施設を整備し、高知大学、地方共同法人日本下水道事業団、メタウォーター㈱、高知市の4者共同研究体で平成27年度まで実証実験を行いました。4者の役割について、図1に示します。

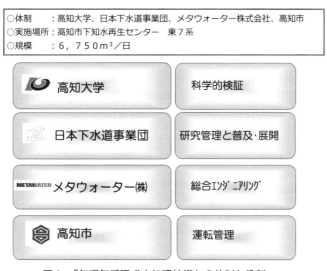

図1　「無曝気循環式水処理技術」の体制と役割

③ 本技術の概要と特長について[1]

　本技術は、処理水質、ろ床で発生するハエや悪臭の問題などから今日では採用されることの少ない、「散水ろ床法」の原理を採用しています。本技術は、現代の技術を活用してこれらの課題を解決し、優れた省エネルギー性によって電気量の大幅な削減を可能とする、標準活性汚泥法代替の水処理技術であり、次の3つの特長を有します。

（1）安定した水質の確保

　本技術は、「散水担体ろ床」を中心とした3つの施設を適切に組み合わせることにより、従来の「散水ろ床法」に比べて安定した水質の確保がされています（図2）。

　1つ目の施設である「前段ろ過施設」では、流入下水中の固形物を効率的に除去し、後工程である「散水担体ろ床」への固形物負荷を削減します。流入下水は「前段ろ過施設」の下部より流入し、上向流により浮上性ろ材の層を通過する間に、含まれている固形物が除去されます。浮上性ろ材は5～10mm程度で、凹凸のある形状です。また、

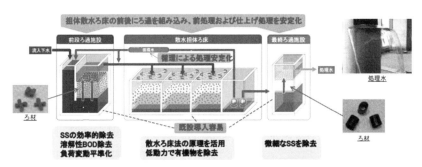

図2　「無曝気循環式水処理技術」の処理フロー

ここに溶存酸素を含んだ散水担体ろ床からの流出水を循環させ、酸素を供給することで、ろ材に付着した微生物の働きにより、一部の溶解

性有機物を除去します。

　2つ目の施設である「散水担体ろ床」は、槽内に充填した担体層に「前段ろ過施設」流出水を散水し、高速散水ろ床法の原理を用いて汚水中の有機物を除去する技術です（写真1）。本技術では、従来用いられた「礫等の比較的大きな担体」を「より微細な樹脂性円筒担体」に替え、比表面積を大きくし処理効率を高めます。これにより、高速散水ろ床法による生物反応が促進され、良好な処理水質を得ることが

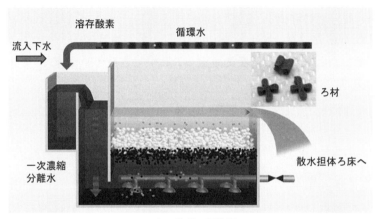

図3　前段ろ過施設

写真1　施設写真（散水担体ろ床上部）

できます。従来の散水ろ床法では、ろ床の洗浄は「湛水のみ」であり、ろ床全体を流動させて洗浄することはできませんでしたが、本技術は担体が軽量で空気洗浄が可能であるため、担体を流動させて洗浄することができます。これにより、処理性の安定化やろ床閉塞の防止、ろ床バエの抑制を図ることができます。また、低動力の送気ファンで空気を上部から下部へと通気することで、ろ床自体が生物脱臭装置として機能します（図4）。

　3つ目の施設である「最終ろ過施設」は、比表面積の大きなろ材が充填された上向流方式の高速ろ過設備であり、散水担体ろ床流出水に含まれる浮遊物質（SS）を除去することができます。また、通水を停止することなく、ろ床を洗浄することができるという特長があります（図5）。

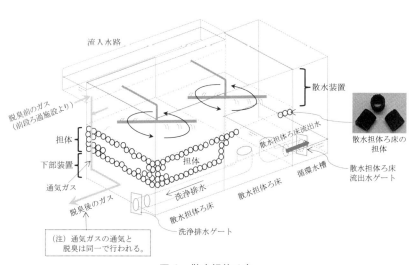

図4　散水担体ろ床

(a) 通常ろ過時　　　　　　　　　(b) 洗浄時

散水担体
ろ床流出水

ろ過水

ろ材↑

空気管

処理水路　開

最終ろ過
処理水

最終ろ過槽

気泡

空気

越流部　閉

最終ろ過
洗浄排水

最終ろ過
沈殿汚泥

最終ろ過
洗浄排水槽

図5　最終ろ過施設

（2）消費電力を大幅に削減

　標準活性汚泥法では、生物反応槽に大量の空気を送り込む送風機設備が必要ですが、本技術では、自然の大気圧下で大気中の酸素を取り込む気液接触方式であるため、動力費が大幅に削減できます（図6）。

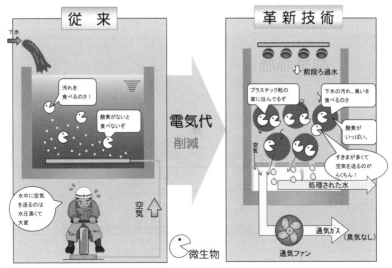

図6　「無曝気循環式水処理技術」の消費電力削減効果

（3）既設の土木躯体の有効活用

標準活性汚泥法の土木躯体を活用し、更新費用を抑えた本技術への転換が可能です。また、設置スペースの半減が可能となります。

④　実証研究における開発目標と評価結果

平成27年度に実施した実証研究での評価の結果、次の良好な結果が得られ、平成29年3月に国土技術政策総合研究所から導入ガイドライン（案）が公表されています。

（1）安定した水質の確保[2]

開発目標の処理水BOD（生物化学的酸素要求量）15mg/L以下に対して、年平均6.2mg/L（最大値12.0mg/L、最小値2.6mg/L）と目標を達成しました（図7）。

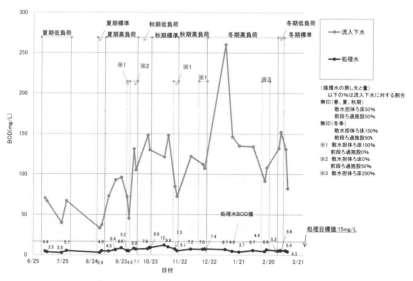

図7　「無曝気循環式水処理技術」実証研究期間中のBOD値

（2）消費電力を大幅に削減[3、4]

　実証研究結果をもとに日最大処理水量50,000m³/日（日平均処理水量40,000m³/日）の施設を想定して消費電力を試算した結果、同規模の標準活性汚泥法に比べ、53%の削減と試算されました（図8）。

　また、発生汚泥が少なく、標準活性汚泥法に比べ、20%程度の汚泥処理費削減が期待できる結果が得られ、電気代を含む維持管理費（人件費は除く）は、同規模の標準活性汚泥法に比べ、36%の削減が試算されました。

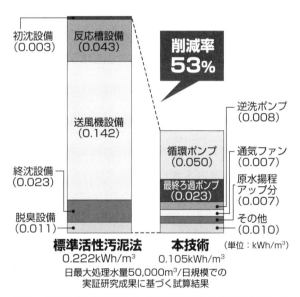

図8　「標準活性汚泥法」と「無曝気循環式水処理技術」の
消費電力原単位比較結果

3　前出、国総研、B-DASHプロジェクトNo.12「無曝気循環式水処理技術導入ガイドライン（案）」第3章　導入検討　第1節　導入検討手法、p.42-43、平成29年2月
4　同上、第3章　導入検討　第2節　導入効果の検討例、p.47、平成29年2月

（3）既設の土木躯体の有効活用[5、6]

　本技術は、標準活性汚泥法と同等の処理能力（6,750m^3/日）で既設の下知水再生センター7系の土木躯体に導入することができました。建設費は、同規模の標準活性汚泥法と比較して、5％の削減が可能と試算されました。

◇5　課題と自主研究

　B-DASHプロジェクトの実証研究終了後も、さらなる技術改善や実施設での運転技術の確立を目指して、引き続き4者での自主研究を平成28年度から平成30年度まで実施しました。

　平成31年度からは、高知大学、メタウォーター㈱、高知市の3者に枠組みを変更し、下知水再生センターの7系として本技術の特長を最大限活用できるように、運転管理手法の最適化、設備の最適化および周辺技術の基礎研究に取り組んでいます。

　これらの自主研究の取組みにより、さらに高機能化された散水担体ろ床の担体の開発、ろ床バエの発生を抑制する運転技術の確立、各施設の運転方法最適化による水質の向上、施設改良によるさらなる省エネ化などが図られました。今後の自主研究は、さらに高機能化された散水担体ろ床の担体の評価を中心に、令和3年度まで継続する予定です。

◇6　おわりに

　本技術が省エネを実現すること、温暖な気候の地域に適していること等から、急速に都市化が進展しているベトナムなどの東南アジア諸国より多くの視察団が本市を訪れており、国外で非常に期待されてい

5　前出、国総研、B-DASHプロジェクトNo.12「無曝気循環式水処理技術導入ガイドライン（案）」第3章　導入検討　第1節　導入検討手法、p.40-41、平成29年2月
6　同上、第3章　導入検討　第2節　導入効果の検討例、p.47、平成29年2月

る技術であると感じています。実際にベトナムのホイヤン市では本技術の実施設が稼働開始となりました。

　国内の気候の温暖な地域においても、標準活性汚泥法の省エネ型代替施設になる技術として活用でき、持続可能な未来の下水道実現に向けた水処理技術として高いポテンシャルを持っていると考えています。

　国内外の多くの地方公共団体に採用される技術とするために、今後も高知市技術職員を中心に主体的に取り組み、独自の発想も取り入れながら、さらなる技術の向上を図っていきたいと考えています。

2.3 「生物膜ろ過併用DHSろ床法」による地域課題解決

須崎市建設課　西　村　公　志

1　はじめに

1.1　下水道事業の概要

　須崎市は高知県中部、高知市から西に車で１時間ほどのところに位置している、人口22,000人ほどの小規模な地方公共団体です（写真１）。

　人口は、昭和30年代の初めは約35,000人ほどでしたが、少子高齢化や人口減少に歯止めがかからない状況が続き、平成22年には過疎の市町村に指定されました。

　須崎市では、昭和50年に須崎市公共下水道基本計画を策定し、翌昭和51年に下水道法の事業認可を取得、公共下水道事業に着手しています（図１）。

写真1　市街地全景

　平成７年には須崎市終末処理場の一部が完成し、大間分区45haの供用を開始しましたが、当時頻発していた集中豪雨等に伴う浸水対策を優先して実施したことや、逼迫した市の財政事情もあり、その後汚水の面整備を進めることができず、現在に至っています。

　そのため使用料の増収も見込めず、一般会計からの多額の繰入金に依存した下水道事業経営が続いており、事業の経営改善策を様々な角度から検討しました。

　詳細は本書「4.1」で記述していますが、人口減少等により過大

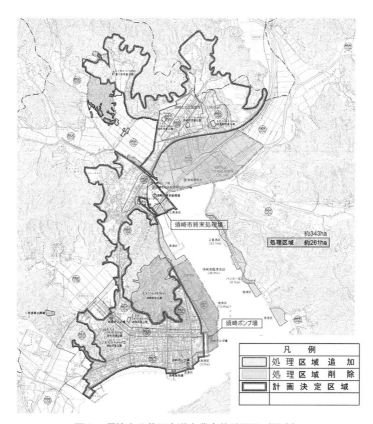

図1　須崎市公共下水道事業全体計画図（汚水）

な処理能力を抱えている須崎市終末処理場に関し、維持管理費を早期に低減させるため水処理施設のダウンサイジングを検討するなど、下水道事業の抜本的な経営改善を図っています。

1.2　下水道革新的技術実証事業への応募

このような背景から、三機工業㈱、東北大学、香川高等専門学校、高知工業高等専門学校、地方共同法人日本下水道事業団、須崎市の6者による共同研究体で、国土交通省のB-DASHプロジェクト（下水道革新的技術実証事業）に、「DHSシステムを用いた水量変動追従型水処理技術」で応募し、平成28年度事業として採択を受けました。

実証研究は、国土技術政策総合研究所の委託研究として平成28〜29年度の2年間実施し、その研究成果に基づき、水処理方式名称「生物膜ろ過併用DHSろ床法」として、平成31年12月に国総研からガイドライン（案）[1]が公表されています。

② 技術概要と特長

2.1　本技術の概要

本技術は標準活性汚泥法（以下、「標準法」という。）代替のダウンサイジング可能な水処理技術であり、「最初沈殿池」（以下、「初沈」という。）の後段に、「スポンジ状担体を充填したDHSろ床」（以下、「DHSろ床」という。）と、「移動床式好気性ろ床である生物膜ろ過施設」（以下、「生物膜ろ過施設」という。）を配置したものです（図2）。

DHSろ床は、保水性のあるスポンジを円筒形格子状フレームに詰めた担体（以下、「DHS担体」という。）を充填し、無曝気で生物処理を行います。省エネルギーで運転管理項目も少ないという特長がある一方、冬季の流入水温低下時における処理性能の低下等のリスクが

1　国土技術政策総合研究所、「DHSシステムを用いた水量変動追従型水処理技術導入ガイドライン（案）」、国土技術政策総合研究所資料No.1051、2018

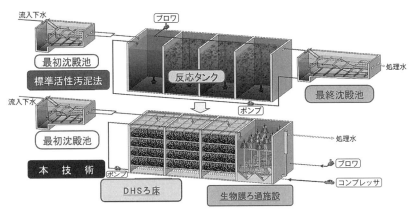

図2 標準活性汚泥法と本技術の処理フロー

あります。そこでDHSろ床の処理性能を補い、年間を通じ安定した放流水質を確保するため、DHSろ床の後段にろ過および生物処理を行う「生物膜ろ過施設」を配置しています。

2.2 DHSろ床について

DHSろ床は、散水ろ床を革新的に改良したものですが、保水性のあるDHS担体が汚水と汚泥をスポンジ内部に保持するため、従来の散水ろ床とは全く違った性質を持っています。

DHSろ床は、上部から初沈越流水を散水する散水部、中段のDHS担体を充填したろ床部、下部で処理水を集める集水部から構成されており（図3）、次のような特長を持っています。

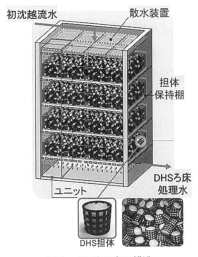

図3 DHSろ床の構造

（1）DHSろ床は曝気不要である――省エネルギー

　DHSろ床は、散水ろ床と同様に曝気が不要です。DHS担体をろ床に充填した際、担体間に空隙が生じるため、ろ床上部から汚水を散水滴下すると、図4のようにDHS担体の界面およびDHS担体間を流下する水滴表面より、効率的に汚水へ酸素が取り込まれ、スポンジ内の微生物によって有機物の除去や硝化が行われます。

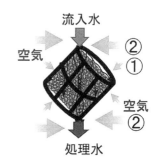

① 空気-DHS担体の界面
② DHS担体間を流下する水滴表面

図4　DHS担体の酸素供給概念図

　また、DHS担体を充填した保持棚を多段に重ねた構造となっているため、より効率的な気液接触が可能です。また、DHSろ床で使用する電動機器は、生物膜ろ過槽移送ポンプと通気ファンのみであり、電力使用量が標準法と比べて少なく、流入水量の変化に対する電力使用量の追従性も高くなります。

（2）DHSろ床には保水性がある――安定した処理性能・流量低下時の水質向上

　従来の散水ろ床は、ろ材に保水機能がないため、供給された汚水は重力によって流下します。これに対しDHSろ床では、円筒形格子状フレームを使用しているため、スポンジ同士が接触しにくい構造になっています。そのため、個々の担体において表面張力が働き、スポンジ

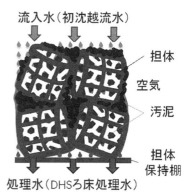

流入水（初沈越流水）

担体
空気
汚泥
担体保持棚

処理水（DHSろ床処理水）

図5　DHSろ床の処理イメージ図

内に汚水が保持されます（図5）。

この保水性能により、DHSろ床では汚水と汚泥との接触時間が長くショートパスも生じ難いため、処理水質の安定性に寄与しています。また、流入水量が減少した際には、負荷が低減され処理性能も向上します。

（3）DHSろ床は高濃度汚泥を保持できる――汚泥発生量が少ない

DHS担体は、スポンジ状でマトリックス構造（網目構造）をしているため、スポンジ内に高濃度汚泥（スポンジ容積あたり15〜40kg-DS/m^3-sponge※）を安定して保持することができます。そのため、固形物滞留時間（SRT）が約150日以上と長く、汚泥の自己消化が進むため、DHSろ床内で固形物が減量することが分かっています[2]。

※DS：乾燥固形物量を示す。

m^3-sponge：DHS担体のスポンジ有効容積を示す。

DHS担体1個当たり有効容積＝23,326mm^3（ϕ30mm×33mm）

（4）DHSろ床は汚泥を通年にわたり保持できる――運転管理が容易

DHS担体は、内部に高濃度汚泥を安定して保持しているため、標準法では必須となる活性汚泥濃度を管理する必要がありません。そのため、維持管理項目自体も少なくなっています。

2.3 生物膜ろ過施設について

本技術では、年間を通じ安定した放流水質を確保するため、DHSろ床の後段に生物膜ろ過施設を設置しています。

生物膜ろ過施設は、曝気用の散気管と担体洗浄用のエアリフト装置、上部の担体分離スクリーンから構成されています。アンスラサイトと呼ばれる粒状担体を缶体内に充填し、曝気をしながら上部よりDHSろ床処理水を流すことで、担体表面の微生物により有機物やNH_4-N（アンモニア性窒素）を好気性処理で除去します（図6）。また、

2　前出、国総研、「DHSシステムを用いた水量変動追従型水処理技術導入ガイドライン（案）」

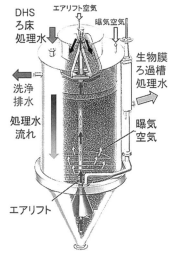

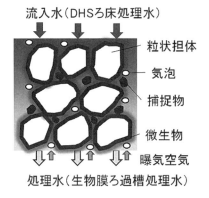

図6　生物膜ろ過施設の構造　　　図7　生物膜ろ過施設の処理イメージ図

担体間に浮遊物質（SS）を捕捉することで、ろ過も行い（図7）、季節変動等によるDHSろ床の処理水質悪化に対応しています。

　通常、固定式の生物膜ろ過施設は、定期的に担体の洗浄が必要となりますが、本技術の生物膜ろ過施設は、間欠的なエアリフト洗浄と水処理を同時に行うことができるため、水処理を止めることなく担体の逆洗が可能になっています。なお担体は、15年間交換不要とされており、定期的にろ層厚を確認して必要に応じ補充します。

③ 実証研究と研究結果の概要

3.1　実証研究の概要

　須崎市終末処理場の既存標準法施設の日最大処理能力は、1,800m³/日ですが、日平均流入汚水量が約400m³/日と施設稼働率が低い状態が続いていました。そのため実証研究施設は、流入する汚水の全量処理が可能な日最大汚水量500m³/日としています。

　本来なら、既存反応タンク内に実証研究施設を設置するべきところ、既存施設の耐震性能に問題があったため地上設置としています。また、ろ床バエの飛散対策のため、DHSろ床は密閉構造としました。

　実証研究施設の仕様は、表１の通りです。DHSろ床は、L：２×W：２ｍ×H：１ｍ×４段を１ユニット（１段当たりのDHS担体のH〈積み高さ〉：0.78m、日最大汚水処理量50m³/日）としたものを10ユニット、生物膜ろ過施設は、ろ過面積６m²（日最大汚水処理量250m³/日）のものを２ユニットで構成されています。ユニット化することで、将来、流入水量が減少しても、稼働しているユニット数を減らすことにより処理規模を縮減することが可能となっています。

表１　実証研究施設の仕様

DHSろ床	DHSろ床段数	4段
	DHS担体総積高さ	3.1m
	DHS担体充填量	125m³
	ろ床面積	40m² （4m²×10ユニット）
生物膜ろ過施設	ろ過面積	12m² （6m²×2ユニット）
	ろ材高さ	2m

3.2　実証研究結果の概要

　実証研究２年目である、平成29年４月１日～平成30年３月31日の実証研究結果の概要は、以下の通りです。

（1）処理水質の安定性

　実証研究施設における流入下水および処理水のBODの年間変動、日変動の測定結果は、図８の通りで、年間変動・日変動共に処理水BODは、目標値15mg/Lを満足しています[3]。

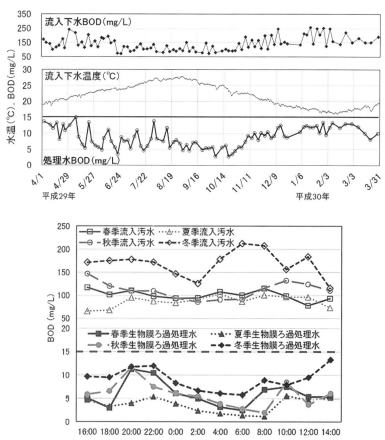

図8　上：流入下水および処理水BODの年間変動、下：日変動
出典：国総研、「DHSシステムを用いた水量変動追従型水処理技術導入ガイドライン（案）」

（2）使用電力量の削減効果

　実証研究期間中の本技術の水処理電力原単位（処理水量当たり）は、図9の通りです。なお、図中の「従来技術」は、「平成25年度版『下水道統計』」（（公社）日本下水道協会）から、3000m³/日規模躯体で流入率0.8：2400m³/日の流入を想定して算出し、「本技術」は、約1年間の日ごとの水処理電力原単位をプロットしたものです。

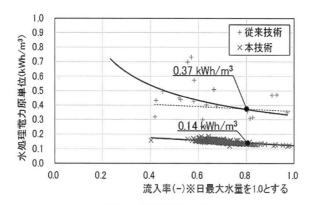

図９　水処理電力原単位
出典：国総研、「DHSシステムを用いた水量変動追従型水処理技術導入ガイドライン（案）」

　本技術の計画日平均汚水量における消費電力量は0.14kWh/m³となり、処理水量減少に追従して水処理使用電力量が削減できることを確認しています[4]。

　また、須崎市終末処理場の既存標準法施設（平成21～28年）の使用電力量と比較すると、69％の削減効果が得られています[5]。

（３）維持管理作業の容易性

　実証研究施設の１年間の運転において、週２日の巡回監視で維持管理可能であることを確認しました[6]。なお、須崎市終末処理場では、49％の維持管理費削減効果が得られています[7]。

（４）ライフサイクルコスト（LCC）の削減効果

　更新時に処理規模を１／３にダウンサイジングする場合、標準法に対する削減効果が37％となり、目標値である34％を満足することを確認しました[8]。

4　前出、国総研、「DHSシステムを用いた水量変動追従型水処理技術導入ガイドライン（案）」
5　同上
6　同上
7　同上
8　同上

④ おわりに

　本技術は、標準法代替かつダウンサイジングが可能で省エネルギーな水処理技術であり、今後人口減少が想定される地域でのニーズが高まる技術です。本技術の特性から、特に温暖な地域の処理場への導入が期待されています。

　須崎市では、安定した処理性能を確認するため自主研究を継続しています。自主研究結果は、本技術を国内で導入する際の重要な判断材料の1つになるため、今後も国内展開の一助となるよう、運転管理データの蓄積に努めていきたいと考えています。

2.4　JSによる新技術の開発と地域課題解決のための導入支援

地方共同法人日本下水道事業団　橋　本　敏　一

1　JS技術開発の役割・使命と特長

　地方共同法人日本下水道事業団（JS）は、地方公共団体が行う下水道事業を支援するため、その出資により設立されました。その主力業務は、地方公共団体の委託に基づく下水処理場等の下水道根幹施設の設計・建設事業であり、これまでにわが国の下水処理場の約7割（約1,400カ所）の建設に関与しています。JSの技術開発の役割・使命の1つは、地方公共団体が抱える地域課題に対して最適解を提供し、「下水道ソリューションパートナーとしての総合的支援」を可能とするため、地方公共団体のニーズにマッチした新技術の開発・実用化を行うことにあります。

　また、JSの技術開発は、研修とともに、JSの前身である下水道事業センターの設立当初（昭和47年11月）より行っている業務です。JS技術開発のもう1つの役割・使命は、直轄事業のない下水道事業において、個々の地方公共団体（特に独自に技術開発を行うことが困難な中小都市）に代わって技術開発を行うことにより、「下水道ナショナルセンターとしての機能」を発揮し、下水道界全体の発展に貢献することにあります。

　JSの技術開発は、従前の技術開発部門と基準作成部門、新技術導入部門を統合し、平成23年4月に設置した「技術戦略部」の主要な業務の1つとして実施しています。JSの技術開発の最大の特長（強み）

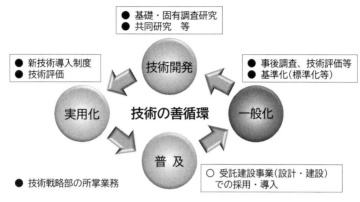

図１　JSにおける技術の善循環

は、新技術の研究開発から実用化、さらには導入後の評価、基準化までの一連の流れの全てを技術戦略部で所掌するとともに、設計・建設事業で新技術を自ら導入することにより、「技術の善循環」を円滑かつ迅速に行い、新技術の普及促進を図ることができるという点です（図１）。

２　地域課題解決に向けた技術開発

　わが国の下水道事業は、下水道の整備・普及拡大の時代から管理・運営の時代へと移行しつつあり、持続的な下水道経営を実現するため、「ヒト・モノ・カネ」が一体となった事業管理体制の確立が求められています。しかし、「ヒト」の面では、老齢化による技術者減少や維持管理体制の脆弱化など、「モノ」の面では、老朽化に伴う改築更新需要の増大など、「カネ」の面では、人口減少等による流入水量減少に伴う収入減少や景気後退等による地方財政の逼迫など、様々な課題を抱えています。その一方、省エネルギー化や低炭素化、下水道資源の利活用、災害リスク対応など、下水道施設の様々な機能・性能の向上に対する社会的な要請が高まっています。

表1　代表的なJS開発技術

技術開発における キーワード	対象プロセス	代表的なJS開発技術
① 能力増強・向上	最初沈殿池	高効率固液分離技術
	反応タンク	膜分離活性汚泥法（MBR）、担体投入活性汚泥法、OD法における二点DO制御システム
	最終沈殿池	最終沈殿池用傾斜板沈殿分離装置、担体ろ過技術
	汚泥処理	高効率型/低含水率型脱水機、 下水汚泥由来繊維利活用システム
② ダウンサイジング・ユニット化	水処理	生物膜ろ過併用DHSろ床法、 仮設水処理ユニット（単槽式MBR）
	汚泥処理	鋼板製消化タンク
③ ICT・AI活用	水処理	アンモニア計を用いた曝気風量制御技術

　以上のことから、今後の技術開発においては、単一の課題を解決するだけでなく、同時に他の課題も解決することにより、持続的な下水道経営に資する新技術の開発・実用化が求められています。

　このような背景のもと、JSの技術開発では、前述した様々な地域課題を解決するため、次に示す技術の開発・実用化に対して、特に注力して取り組んでいます。代表的なJS開発技術を表1に示します。

2.1　既存施設を活用した処理能力増強・向上を可能とする技術

　多くの下水処理場では、将来の人口減少に伴う流入水量減少により、中長期的には必要となる処理能力も減少することが予想されます。一方、図2に例示するように、今後の普及率向上や広域化・共同化による処理量の増加、設備更新工事による休止などにより、短中期的には、既存の処理能力では不足する下水処理場も少なくありません。

　このような課題に対して、既存の土木・建築施設を活用して処理能力の増強・向上を図ることで、土木・建築施設の新増設などを回避し、ライフサイクルコスト（LCC）を縮減する様々な技術の開発・実用化に取り組んでいます。

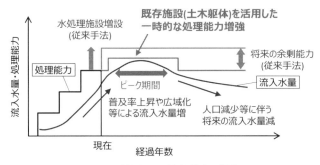

図２　一時的な処理能力増強の概念図

　水処理技術については、既設の反応タンクを用いて処理水量を増加させるため、膜分離活性汚泥法（Membrane Bioreactor：MBR）や担体投入活性汚泥法など、反応タンクの処理能力自体を増強する技術のほか、反応タンクへの流入負荷を削減する最初沈殿池代替の高効率固液分離技術や、最終沈殿池での活性汚泥の固液分離性能を向上する傾斜板沈殿分離装置などを開発しています。

　汚泥処理技術については、食生活の変化などによる汚泥性状の変化（有機分増加）や、エネルギー利用を目的とした嫌気性消化の導入増加に起因する汚泥の難脱水化に対応するため、難脱水汚泥にも対応可能な低含水率・低動力の汚泥脱水機を開発しています。また、改築更新時における設置スペースや機器重量の制約などに対応するために、従来機種より処理能力を向上したコンパクト・軽重量な汚泥脱水機などを開発しています。

2.2　ユニット化などにより柔軟なダウンサイジングを可能とする技術

　設備のユニット化などを行い将来の流入水量減少などに応じた柔軟なダウンサイジングを可能とし、LCCを縮減する技術の開発にも取り組んでいます。

　例えば、単槽式MBR（図３）は、鋼板製によるユニット化により

図3　単槽式MBRユニットの外観

移設が可能となり、再構築時の一時的な処理能力増強や災害時の仮設処理へ容易に対応可能です。また、工期短縮や仮設用地縮小、仮設費低減などの効果が期待できます。

　また、鋼板製消化タンク技術は、従来のコンクリート製消化タンクを鋼板製とし、低動力なインペラ式撹拌機などと組み合わせることにより、工期短縮や省エネ化、コスト縮減などが期待できます。鋼板製消化タンクは、コンクリート製と比較して耐用年数が短いため、将来の流入水量や技術の進展、段階的な整備に柔軟に対応可能です。

2.3　ICTやAIの活用などにより効率化・高機能化等を可能とする技術

　近年、技術の進歩が目覚ましいICT（Information and Communication Technology：情報通信技術）やAI（Artificial Intelligence：人工知能）などの先端技術を下水道事業においても導入することにより、下水処理場における運転管理の効率化や高度化、省エネ化などを図ることが期待されています。

　例えば、反応タンク内などに「アンモニア性窒素濃度計（アンモニア計）」を設置し、これを含む計測データを利用して曝気風量を自動調整する技術があります（図4）。本技術により、反応タンクの流入

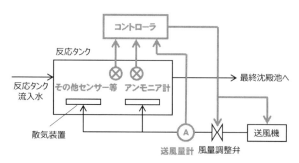

図４　アンモニア計を用いた曝気風量制御技術の構成
（太線・太字が本技術の構成要素を表す）

負荷量（水量および水質）の変動に対して曝気風量を適正化すること
が可能となり、曝気風量の削減や処理水質の安定化といった効果が期
待できます。

③ 地域課題解決に向けた新技術導入

3.1　新技術導入制度

　JSでは、自ら共同研究などで開発した新技術を設計・建設事業で積
極的に導入することに加えて、公的機関や民間企業が開発した新技術
についても、JSが実施設への適用性を確認した上で積極的に導入す
る「新技術導入制度」を運用しています。新技術導入の強化・拡大を
図ることを目的に、平成23年４月から開始しました。

　本制度における「新技術」の定義は、JSの設計・建設事業において
導入実績がなく、かつ、表２に示すいずれかに該当する技術としてお
り、新技術Ⅰ類からⅢ類の３つに区分して選定しています。技術選定
の有効期間は、申請者への選定通知の日から５年間ですが、申請者が
希望し、JSの理事長が必要と認めた場合、１回に限り延長が可能で
す（最大10年間）。

　令和２年７月末時点で、新技術Ⅰ類29技術、新技術Ⅱ類５技術、新

表2 技術選定の分類と対象

分 類	説 明	対 象	
		処理プロセス	装置・機器
新技術Ⅰ類	共同研究等によりJSが開発に関与した技術のうち、技術選定を行った技術	○	○
新技術Ⅱ類	公的な機関により開発・評価され、JSが技術確認、技術選定を行った技術	○	×
新技術Ⅲ類	民間により開発され、JSが技術確認、技術選定を行った技術	○	×

[用語の説明]
- 技術選定：開発者の申請に基づき、JSが受託事業における適用性を確認した新技術として選定すること。
- 技術確認：実施設への適用性について、開発者が提示する資料や導入施設の現地調査等に基づき、JSが確認すること。
- 処理プロセス：国土交通省下水道事業課長通知「下水道施設の改築について」（平成28年4月1付け国水下事第109号）別表中の「中分類」以上の技術。
- 装置または機器：上記別表中の「小分類」以下の技術。

技術Ⅲ類2技術の計36技術（うち、4技術は有効期間満了）が選定されています。技術分野別にみると、水処理関連（前処理を含む）が13技術、汚泥処理関連が22技術、雨水対策関連が1技術となっています。水処理関連では、省エネ型MBRシステムやオキシデーションディッチ（OD）法における二点DO制御システム、最終沈殿用傾斜板沈殿分離装置など、水処理プロセスの省エネ化や処理能力増強などを目的とする技術が多くを占めています。一方、汚泥処理関連では、脱水汚泥の低含水率化などを目的とする汚泥濃縮・脱水技術、温室効果ガス排出抑制や省エネ・創エネなどを目的とする次世代型の焼却炉技術、ガス発生効率の向上や省コスト化などを目的とする嫌気性消化技術に大別されます。

　選定された新技術のJSの設計・建設事業への導入実績（導入決定ベース）は、令和2年7月末時点で、15技術、計76件です。技術ごとでは、圧入式スクリュープレス脱水機（Ⅲ型）が43件と最も多く、次いでOD法における二点DO制御システムが8件となっています。

3.2　新技術導入の支援事例

　地域課題解決に向けたJSにおける新技術導入の支援事例として、OD法における二点DO制御システム（以下、「本技術」という。）による処理能力増強の事例を紹介します。

　本技術は、図5に示す通り、独自の制御技術と水流発生装置を用いることで処理の安定化と省エネ化を実現するとともに、流入条件や施設条件によっては、一時的なピーク流量超過や流入下水の高濃度化などに対して、高負荷運転による対応が可能です。

　導入した下水処理場では、し尿と農業集落排水の受け入れが段階的に計画されており、既存施設では処理能力が不足する一方、今後の人口減少に伴って、将来、流入水量は減少していくため、過剰な施設増設を避けることが必要でした。また、し尿受け入れにより流入水質が2〜3割程度上昇するため、既存のエアレーション装置では酸素供給能力が不足し、既設3池の処理能力が約4割減少することが明らかと

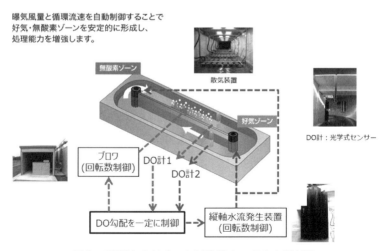

図5　OD法における二点DO制御システムの概念図

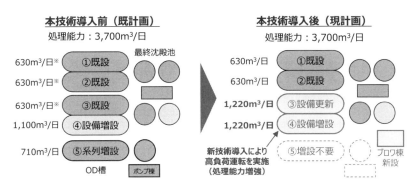

図６　新技術導入前後の施設計画の比較

なりました。

　そのため、図６に示す通り、既存施設と同じエアレーション装置を用いた場合（既計画）、４池目の設備増設のみでは処理能力が不足し、５池目の増設が必要でした。これに対して、４池目の設備増設で本技術を導入し、次に既設１池を本技術に改築更新することで、５池目の増設が不要となりました（現計画）。

　本技術の導入により、し尿受け入れに必要な処理能力を土木躯体の増設を行わずに短期間で確保できるとともに、既計画と比較して年間の維持管理費で約30％、これに建設費年価を合わせた総費用で約15％のコスト縮減が期待できます。

4　おわりに

　JSでは、今後も引き続き、地方公共団体の下水道ソリューションパートナーとして、また、下水道ナショナルセンターとして、地方公共団体のニーズに応える新技術の開発・実用化と設計・建設事業での導入を積極的に進め、地域課題解決へ貢献できるよう取り組んでいきます。

2.5　JICAによるSDGs達成への取組みと課題解決のための技術導入

独立行政法人国際協力機構　北　川　三　夫

1　JICAのミッション・ビジョン

　独立行政法人国際協力機構（JICA）は、「信頼で世界をつなぐ」をビジョン、「人間の安全保障と質の高い成長」をミッションとして掲げ、開発途上国が抱える課題の解決を支援しています。

　「人間の安全保障」とは、「全ての人々が、恐怖と欠乏から免れ、尊厳を全うすることができる世界を創る」という理念で、当初、恐怖や欠乏といった脅威は主として難民問題や途上国を中心としたものでした。一方、現代社会では、従来の脅威に加え、感染症（COVID-19等）や、地球温暖化、異常気象等、新たな課題も脅威となっており、これらは途上国・先進国を問わず人類の共通的課題となっています。このため、JICAでは「人間の安全保障2.0」として、現代の課題を整理し、その課題解決に向けた取り組み強化を図っています（図1）。

　わが国における下水道事業の抱える課題には、人口減少・施設老朽化・地球温暖化・異常気象に伴う自然災害の増加等があります。これらの新たな課題・脅威は、適切な対策を講じなければ重要な社会サービスの欠如、基礎インフラの喪失といった欠乏に結び付き、「人間の安全保障」という概念からは、わが国だけでなく途上国を含めた全世界の共通的な課題（健全な下水道運営、地球温暖化、自然災害の増加等）となっています。この観点から、わが国や他の国の課題を俯瞰的に眺め、包括的な課題解決手法の検討や課題解決のためのフレーム

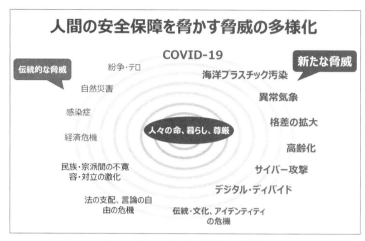

図1　新たな脅威と人間の安全保障

ワーク構成を図っていく必要性が高まっていると考えられます。

　以上のような「人間の安全保障」の視点を踏まえて、JICAは包摂性、持続可能性、強靱性を兼ね備えた「質の高い成長」に貢献する支援を推進しています。「質の高い成長」に日本の経験・知見・技術を活かすため、インフラ輸出の促進、日本方式の国際展開の推進、中小企業等の海外展開支援、海外投融資、官民連携（PPP）インフラ事業、民間連携事業などの事業を展開しています。

◆2　持続に向けた技術の確立

2.1　将来の方向性と必要なアクション

　平成27年9月、国際連合（国連）総会で持続可能な開発目標（SDGs）が採択されました。SDGsの理念は、「誰一人取り残さない」包摂的な社会の実現と、社会・経済・環境への包括的な取組みを重視するもので、これらはJICAのミッションである「質の高い成長」と「人間の安全保障」と高い親和性があります（図2）。このため、「JICA SDGs

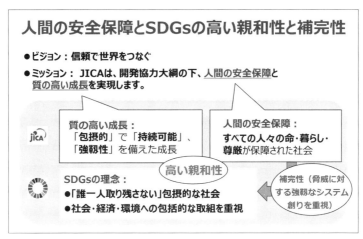

図2　人間の安全保障とSDGs

ポジションペーパー」では、「人間の安全保障と質の高い成長を加速・推進するSDGsにおいて、JICAはリーダーシップを発揮しゴールの達成に積極的に取り組む」ことを協力の3本の柱の1つに掲げています。

　水と衛生に関する目標はGoal 6で、汚水管理に直接関係するものには、SDG6.2と6.3があります（表1）。わが国では、戦後公衆衛生の観点から、し尿処理（SDG6.2）が主として行われてきました。その後、生活環境の改善や都市の健全な発展、さらには公共用水域の水質保全（SDG6.3.2）を目的として、下水道事業（SDG6.3.1）が進められてきた経緯があります。途上国では屋外で排泄を行っている人口割合を減少させると同時に、腐敗槽等の定期的な汚泥引き抜きを行うことが、SDG6.2における目標となっています。

　国連の活動としては、一体的に水問題に取り組んでいくために、国連水関連機関調整委員会（UN-Water）を設立、種々の関係機関と連携し、SDG 6に関するモニタリング手法や、各国の状況把握、能力強化、目標達成手法等に関する検討等が行われています。UN-Water

の活動例としては、SDG 6 の現状と達成手法等をまとめた「Synthesis Report 2018」の作成や、世界・地域・国レベルの達成状況を示した「UN-Water SDG 6 Data Portal」のWeb上での公開、「行動の10年」の一環としてSDG 6 Global Acceleration Frameworkの発出等があります。

　SDG 6 の各指標の定義やモニタリング手法、各国の進捗状況等は、それぞれ関連する国連機関が検討しており、世界保健機関（WHO）は、指標6.1.1と6.2.1に関する世界や地域、各国の状況に関するレポート「2017 JMP Report」を国連児童基金（UNICEF）と共同で発行しています。指標6.3.1については、WHOおよび国連人間居住計画（UN-Habitat）がモニタリング手法の検討・提案を行っています。

　JICAでは、これらの国連機関や各種機関と連携し様々な活動を実施してきました。例えば、平成29（2017）年にはWHOおよびベトナム関連省庁と連携してSDG6.3.1に関するパイロット調査を実施し、わが国における経験等を踏まえた各種提言を行いました。UN-Waterとは平成29（2017）年から「Synthesis Report 2018」やSDG 6 達成のための各種手法に関し意見交換や協議、情報共有等を行っています。

表1　MDGs（ミレニアム開発目標）とSDGs（持続可能な開発目標）

SDG6：すべての人々の水と衛生の利用可能性と持続可能な管理を確保する
SDG6.2：2030年までに、すべての人々の、適切かつ平等な下水施設・衛生施設へのアクセスを達成し、野外での排泄をなくす。女性及び女児、ならびに脆弱な立場にある人々のニーズに特に注意を払う。
指標：安全に管理された公衆衛生サービスを利用する人口の割合（6.2.1.a）
SDG6.3：2030年までに、汚染の減少、投棄廃絶と有害な化学物質や物質の放出の最小化、未処理の排水の割合半減、及び再生利用と安全な再利用を世界的規模で大幅に増加させることにより、水質を改善する。
指標：安全に処理された排水の割合（6.3.1）、良好な水質を持つ水域の割合（6.3.2）
MDG7：環境の持続可能性の確保
MDG7 **C**：2015年までに、安全な飲料水と基礎的な衛生施設を継続的に利用できない人々の割合を半減させる。

国連および外務省HPを基に作成

2.2　技術開発と評価、技術基準・技術マニュアルの策定

　持続可能な下水道を実現するためには、政策立案・合理的計画・法制度・組織体制・能力向上・技術開発・事業モニタリング等が重要です。これら各項目はそれぞれ重要で、いずれか１つが欠けても持続性が損なわれますが、効率的かつ包括的マネジメントを可能にするには、「課題解決のための下水道技術の導入」がキーとなります。

　例えば、下水道整備の重点が大都市から中小都市に移行する時点では、維持管理が容易で流量変動にも対応しやすいオキシデーションディッチ（OD）法の開発・技術評価が行われ、閉鎖性水域の水質保全のために各種の高度処理法が、汚泥の適正な処理・処分のために種々の汚泥再利用技術が開発されてきました。

　このような技術開発を実施する際には、種々の検討が行われます。前述のOD法の開発では、①小規模下水道に適した技術として、地方共同法人日本下水道事業団（JS）の種々の調査・研究に基づいた「技術評価」の実施、②新たな処理場への採用と導入処理場でのフォローアップ、③得られた情報・知見に基づいた設計指針等の作成、④他の処理場の設計・施工・維持管理への活用、⑤複数の採用処理場におけるフォローアップ調査の実施と調査結果の指針等への反映――が行われ、このようなPDCAサイクルを通じて、新たに開発された技術の完成度が増していきます。現在、わが国の下水道事業で多く用いられている技術は、このようなサイクルを経て開発・普及してきたという経緯があります。同様のアプローチは、わが国とは異なる条件下にある海外の下水道事業においても有効であると考えられ、わが国の技術の適用性や有効性の検討、海外向け新技術の評価や技術資料の作成等が重要となっています。

　わが国では、汚水処理や環境保全に関連する豊富な経験、知見、情報等を国や地方公共団体、民間企業等の種々の機関が有しており、

JICAはこれらの機関と連携して、関連する活動を行っています。技術開発については、国土交通省において、各種技術マニュアルや指針が作成されるとともに、海外分野においても、下水道技術海外実証事業や本邦技術を活用した海外水ビジネス案件形成のための取組みが行われています。前述のJSでは、これまで様々な技術開発と技術評価、これらに基づいた各種指針や技術資料等が作成され、海外分野に関しても国際戦略室を中心とした活動が行われています。最近の連携事例としては、日本企業がベトナム国ダナン市で「前ろ過散水ろ床法（PTF）」による実証試験を実施（平成24年）した後、JSで本技術の性能等を確認（平成25年）し、国交省によるB-DASHプロジェクト（下水道革新的技術実証事業）において高知市で実証され（平成26年）、JICA無償資金協力によりベトナム国ホイアン市で本技術を採用した下水処理場の建設が行われました。

2.3　既存技術に対する技術革新の影響

　「昨今のインターネット関連技術の進展、特にICT/IoT、クラウド、AI、5G、ビッグデータ等の進展は目覚ましいものがあり、このようなデジタルテクノロジー（DT）の活用は、世界中のWater Systemを変える無限のポテンシャルを有している」

　IWAより発出されたDigital Water：Industry leaders chart the transformation journeyの冒頭の部分です。さらに、「同技術により、レジリエントや革新性・効率性が増加し、その結果、将来的により強固で、より経済的な基本システムが構築されていく」、「DTの対象は、処理場・管路施設・水処理技術のみならず、水環境、顧客管理、アセットマネジメント、財政、浸水対応等のリスク管理等水分野に関する全ての分野・部分に及ぶ」と続いています。

　下水道システムの対象領域や事業内容、求められる条件や機能は幅広く、対象も複雑ですが、下水道に関連するあらゆる分野で、デジタ

ルテクノロジーの活用は進展していくように考えられます。表2は、前述のIWA文献や他の文献、インターネット等を活用して、下水道分野において想定されるDTの活用についてまとめたものです。

　本稿では、紙面の都合上、各技術について詳しい説明は行いませんが、表2に示す各領域において、①各種センサー等によるプロセスや事象の可視化、②センサーやメーター・機器・消費者情報等の大量情報のネットによる統合、③ビッグデータやデータマイニング等によるデータ解析やＡＩによる最適なアルゴニズムの作成――等により、各種システムが合理的に運営されていくようなプラットフォームが提案

表2　デジタルテクノロジーの下水道分野における適用

関連領域	内　　容	センサー等	AI等	AR・VR等	Blockchain
流域管理	リモートモニタリング／環境保全				
雨水管理	リアルタイムコントロール／降雨量・流出量・管内流量／制御／リスク管理				
（広域）管理処理場ポンプ場	ネットワークモニタリング・コントロール／最適監視・制御	センサー	AI	Augmented and virtual reality	Blockchain applications for water
汚水処理汚泥処理	水質計測・水処理モデル・制御システム／プロセス最適化／省エネ／温暖化対策／処理水・汚泥再利用	リモートセンシング GIS	Sottware as a Service (SaaS)	Digital twin	改変不可能複数間での情報共有
計画・設計	デジタルツール／拡張現実・仮想現実：Augmented and Virtual Reality（AR and VR）／Digital twin	衛星 ドローン スマートメーター	クラウド＋センサー ネットワーク chat bots	(+GIS, sensors, VR applications 等)	↓ 契約履行確認　等
維持管理管理運営	予防保全／アセットマネジメント／長寿命化／施設データ・維持管理履歴／周辺状況／AI/施設の強靱性／BCP				
顧客管理	問い合わせ対応／顧客データベース／施設台帳／料金支払い管理／スマートメーター				
関連技術	ICT/IoT、５G、ビッグデータ、デジタルトランスフォーメーション、認知システム、モビリティ、Machine learning、Exponential technologies（e.g., additive manufacturing, alternative energy systems and biotechnology）等				

されていくことが想定されます。表2に示した一部の関連領域では、既に相当程度検討が進んでいるものもあり、これらが実用化される過程では、既存の技術やシステムが塗り替えられていくことも想像されます（Digital Transformation：DX）。例えば、表2に示した以外の分野（研修システムや会議運営等）では、令和2年度当初から始まったCOVID-19の世界的な感染拡大から半年も経過していない時点で、その活用が一気に進んできています。

③　おわりに

　人口減少、施設老朽化、財政、地球温暖化、災害対応等の新たな脅威に対して、高知から持続可能な未来の下水道が発信されています。本稿では、JICAのミッション・ビジョン、SDGs、将来の方向性と必要なアクション、技術開発と開発された技術の評価、既存技術に対する技術革新の影響について述べました。

　新たな脅威への対応としては、わが国や他の国の課題を俯瞰的に眺め、包括的な課題解決手法の検討や課題解決のためのフレームワーク構成を図っていく必要性が高まっていると考えられます。また、「人間の安全保障」の視点を踏まえた「質の高い成長」により、途上国の課題解決に貢献できれば、途上国・わが国双方にとって有益であると考えられます。SDG 6に関しては、各国の活動に基づいて、地域レベルでのフォローアップおよびレビューが行われ、これらが、グローバルレベルのものに貢献することが望まれています。逆に、グローバルレベルや地域レベルから各国の活動へのフォローアップも重要です。SDGsの達成期限に近づく中で、目標達成のための行動を加速することが必要です。JICAでは、このような活動に関して各種国連機関やアジア開発銀行等の国際開発機関、汚水管理に豊富な経験を有するわが国の様々な機関と連携を図りつつSDG 6の達成に貢献してい

くことが効果的だと考えています。

　わが国とは異なる条件下にある海外の下水道事業においても、課題解決のための下水道技術の導入に際し、わが国の技術の適用性や有効性の検討、海外向け技術の評価や技術資料の作成等が重要だと考えられます。一方、下水道に関連するあらゆる分野で、デジタルテクノロジーの活用は進展しています。特に、COVID-19の影響により、新たな常態・常識が生まれ、構造的な変化が避けられないニューノーマル時代を迎えています。JICAにおける国際協力においても、ニューノーマル時代におけるITの活用といった視点を加えたアプローチ手法によって、新たな脅威に対応し持続可能で強靱かつスマートな下水道システムの構築に貢献していくことが、このような時代の変革期において求められていると考えられます。

【参考文献】

1　JICA、「SDGsポジション・ペーパー、SDGs達成への貢献に向けて：JICAの取り組み」、平成28年9月12日

2　JICA、「SDGsポジション・ペーパー（ゴール編）、ゴール6の達成に向けたJICAの取り組み方針」

3　JICA、「水環境管理分野ポジションペーパー」、2018年7月

4　United Nations, UN-Water, Sustainable Development Goal 6, Synthesis Report on Water and Sanitation 2018

5　United Nations, UN-Water, The Sustainable Development Goal 6, Global Acceleration Framework, 2020

6　WHO, Unicef, JMP, Progress on Drinking Water, Sanitation and Hygiene, 2017 Update and SDG Baselines, 2017

7　UN-Water, WHO, UN-Habitat, Progress on Wastewater Treatment 2018, Piloting the monitoring methodology and initial findings for SDG indicator 6.3.1

8　環境新聞社、「SDGsの達成に向けた計画的・段階的な取り組み」、『月刊下水道』、Vol.42 No.8、令和元年

9　(公財) 日本環境整備教育センター、「JICAにおけるSDG6の達成に向けた取り組み」、『月刊浄化槽』、令和元年8月

10　IWA (International Water Association) and Xylem Inc., Digital Water, Industry leaders chart the transformation journey

第3章

災害に対して
強靱な
下水道の実現

3.1 時間77mmの豪雨から 市民を守る

高知市上下水道局　土　居　智　也

1 はじめに

　高知市は、高知県のほぼ中央に位置し、令和２年４月１日現在で人口325,706人、面積309km^{2}の中核都市です。

　市の北側には四国山地の山々が連なり、南側は太平洋に面しているため、冬場は北からの季節風が四国山地で遮られ、暖流である黒潮の影響により温暖な気候となっています。

　しかし、夏場はこの黒潮の影響による湿った気流が四国山地に遮られ、雨雲が発生しやすい状況となるため、年間降水量は、平成12〜31年の過去20年間の平均で約2,600mm、多い年には3,000mmを超えることもあり、国内はもとより世界的にも有数の降水量が多い都市です。

　市内には、市域を分断するように７つの河川が流れており、その河川に挟まれた平地部では、海抜ゼロメートル地帯が約７km^{2}にも及んでいます。このように高知市は標高が低い土地が多く、過去に何度も浸水被害を受けてきました。

2 これまでの浸水被害

　昭和45年の台風10号では、気圧の低下に伴い、平均満潮位より２m以上高い高潮が発生しました。市内数箇所で堤防が決壊し、床上・床下合わせて10,127世帯の浸水被害が発生しました。この被害を受けて、高知県が管理する２級河川では高潮対策事業が進められ、現在で

は高い河川堤防が整備されています。

　昭和50年の台風５号により発生した21,623世帯の浸水被害に続いて、昭和51年には、台風17号の停滞により、降り始めから６日間の総降水量が、年間降水量の約半分に当たる1,306mmと記録的な豪雨となりました。この豪雨での河川氾濫により46,429世帯が浸水し、市長（当時）が、「自分の命は自分で守ってほしい」という非常事態宣言を発表する事態となりました。

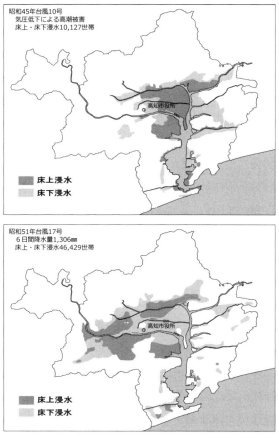

図1　昭和45年、51年の浸水被害

　この連年災害を受け、高知市では、昭和54年に雨水事業の整備水準の見直しを行い、現在は1時間当たりの計画降雨強度を77mm（5年確率）として、浸水対策を進めています。

　この数値は、全国での平均的な整備水準（50mm程度）と比べて高く、また、県庁所在都市の中でも上位3位以内に入るものとなっています[1]。

　また、近年で最も大きな被害となったのは、平成10年の高知豪雨です。この豪雨では、秋雨前線の停滞により1時間最大降水量129.5mm、24時間降水量が861mmと、過去最大の記録的な豪雨となりました。

　この豪雨では、下水道等の排水能力を上回る降雨により、浸水対策が完了していた地域も含め、市内の至るところで浸水が発生するとともに、国分川等堤防からの越流により市東部地域での被害が拡大し、19,749世帯が浸水被害を受けました。

表1　整備水準の変遷

年　度	主な浸水被害	整備水準
1950（昭和25）年〜		公共下水道事業の事業認可 ★実験式70mm
1969（昭和44）年〜		公共下水道基本計画の策定 ★合理式66mm/h
1970（昭和45）年	台風10号 （高潮被害、時間最大51.5mm）	
1975（昭和50）年	台風5号（時間最大39mm）	
1976（昭和51）年	台風17号 （1306mm/6日間、時間最大97mm）	
1979（昭和54）年〜		公共下水道基本計画の見直し ★合理式77mm/h

写真1　平成10年9月集中豪雨
高知市の東部地域一帯が浸水した

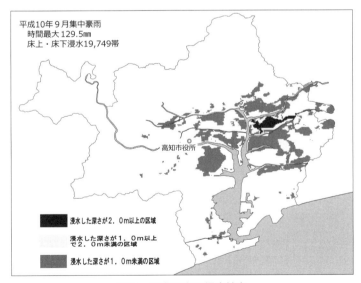

平成10年9月集中豪雨
　時間最大129.5mm
　床上・床下浸水19,749帯

高知市役所

浸水した深さが2．0m以上の区域

浸水した深さが1．0m以上
で2．0m未満の区域

浸水した深さが1．0m未満の区域

図2　平成10年の浸水被害

③　積み重ねてきた浸水対策

　高知市の下水道は、昭和23年に事業着手し、過去の浸水被害を受けて、整備水準の見直しも行いながら、浸水対策を進めてきました。

　前述のように、市内の平地部では標高の低い土地が広がり、河川の高潮対策事業により河川護岸が高く整備されていることから、河川への自然排水が困難なため、ポンプによる強制排水が必要です。このため、下水道事業だけでも公共下水道雨水ポンプ場を22機場、都市下水路ポンプ場を4機場、計26機場を整備しています。このほか河川事業による小規模な排水機場等も合わせると、高知市が所管するものだけで、96もの排水施設があります。

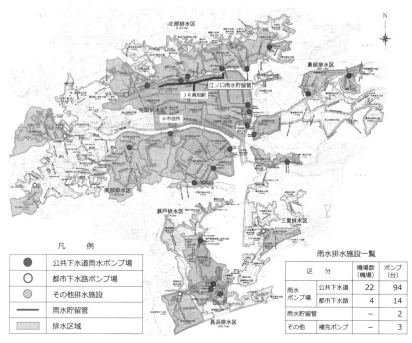

凡　例

●	公共下水道雨水ポンプ場
○	都市下水路ポンプ場
◎	その他排水施設
—	雨水貯留管
▨	排水区域

雨水排水施設一覧

区　分		機場数 (機場)	ポンプ (台)
雨水 ポンプ場	公共下水道	22	94
	都市下水路	4	14
雨水貯留管		−	2
その他	補完ポンプ	−	3

図3　雨水計画図（ポンプ場の配置図）

　気候や地形の条件から必要であったとはいえ、この施設数は、高知市が長年取り組んできた浸水対策の歴史を物語っています。

◆4　高知市初の雨水貯留管の供用開始

　平成29年度末には、高知市で初となる雨水貯留管（江ノ口雨水貯留管）が供用開始となりました。

　北江ノ口排水分区は、JR高知駅の北側に位置し、昭和30年代以降の土地区画整理事業により市街地が形成されています。現在は、住宅地と商業地を中心とし、多数の学校や医療施設などが立地しているエリアです。

　この地区の下水道施設は、昭和30年代後半以降に当時の整備水準（実験式70mm）で整備されており、現在の整備水準（計画降雨強度77mm/h）と比較すると、半分以下の排水能力しかなく、1時間当たり30～40mm程度の降雨で、たびたび浸水被害が発生していました。

　このため、現在の整備水準に対応すべく整備手法を検討した結果、既設ポンプ場の排水能力を2倍程度まで増強するとともに、既設管きょの能力不足を補うための増補管の整備が必要となりました。しかしながら、ポンプ場の増強は、用地の制約があり、供用しながらの工

写真2　浸水被害の状況（整備前）

事となることから、施工が困難で長期間を要すると判断し、早期に効果を発現できる雨水貯留管方式を採用しました。

　江ノ口雨水貯留管は、東西区間が直径3.5mで延長2,661m、南北区間が直径1.65mで延長420mです。それぞれシールド工法と推進工法により整備を行いました。総貯留量は約26,400m³で、全部で9カ所に設けた分水施設により、既設下水道管から溢れる雨水を貯留管に一時的に貯留し、地表面への溢水を軽減します。事業期間は平成23～29年度までの7年間で、総事業費は約50億円となっています。

　平成30年7月には時間最大39mm、令和元年10月には時間最大75.5mmの強い降雨がありましたが、浸水被害の報告はありませんでした。供用開始以降、貯留管への流入実績は70回を超えており、浸水被害の軽減に効果を発揮しています。

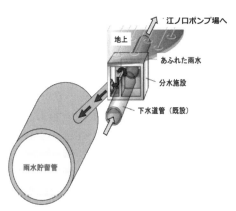

図4　分水施設の構造（イメージ）

写真3　左：施工中の江ノ口雨水貯留管、右：排水ポンプ

◇5 河川事業等との連携

　近年は集中豪雨の多発などにより、77mm対応で一定の整備が完了していた地区においても浸水被害が発生していますが、他事業と連携し、より効率的な浸水対策に取り組んでいます。

　平成26年の台風12号では、高知市内の観測所で時間最大降水量74mm、市内北西部のポンプ場（初月ポンプ場）の雨量計で時間最大降水量103mmを記録し、市北西部を中心に、床上・床下合わせて861世帯が浸水被害を受けました。ポンプ場や水路の排水能力を超える降雨による内水氾濫と、県河川の未改修部分での外水氾濫が同時に発生したため、被害の拡大につながりました。そこで、県と市の関係課で構成する「高知市街地浸水対策調整会議」を設置し、県市連携により、次のような外水・内水対策を進めています。

　　①河川堤防の嵩上げ等（県）
　　②河川の河床掘削（県）
　　③既存の排水機場や水路を活用した補完ポンプの整備（市）
　　④街路事業にあわせた雨水管きょの新設（県・市）
　　⑤河川排水機場の排水能力の増強（市）

　対策エリアのうち秦・初月地区は、過去に都市下水路事業でポンプ場や雨水管きょの整備を行っており、整備水準は計画降雨強度77mm/hであるものの、流出係数（降った雨のうち下水道管に流れ込む水量の割合）は、当時の土地利用状況から40％となっていました。ところが、近年は、地区内外への幹線道路の整備や大型商業施設の建設に伴って市街化が進行し、降った雨が地面に浸み込みにくい状況となっています。このため、流出係数を現在の土地利用に見合う55％とした場合には、ポンプ場や雨水管きょ等の排水能力が不足する状況となっていました。

　しかしながら、新たな幹線管きょやポンプ場の増設には、多くの時間と費用を要するため、既存の排水機場や水路を活用した効率的な施設整備により、早期に効果を発現できる対策を検討しました。図6

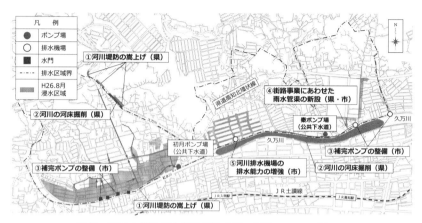

図5　高知市街地浸水対策調整会議の対策メニュー概要図

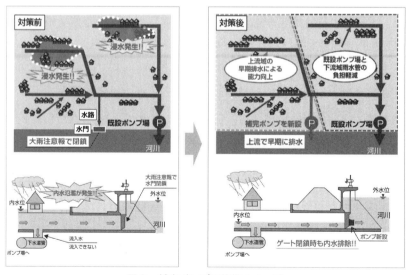

図6　補完ポンプの整備イメージ

は、初月地区における補
完ポンプの整備イメージ
です。

写真4　初月1号補完ポンプ（ポンプ井内部）

　この地区には、県河川
に流入する水路（市管
理）が複数あり、そこに
は逆流防止用の水門が設
けられ、大雨注意報の際
には水門を閉鎖する運用
を行っています。水門閉
鎖後は、図6の対策前の状況のように、水路に設けた下水道管きょへ
の取水口から、雨水を取水していますが、管きょの能力を超える降雨
の際には水路から雨水が溢れ、内水氾濫が発生していました。

　そこで、図6の対策後のイメージにあるように、浸水リスクが高い
と思われる2カ所の水門に下水道施設の機能を補う補完ポンプを設置
し、上流域から早期に排水することで、下流域の負担軽減を図ること
としています。

　令和2年6月には1カ所目の補完ポンプが完成し、2カ所目につい
ても令和2年度中に工事に着手する予定となっており（令和2年8月
時点）、県が実施する外水対策と合わせて、浸水被害の軽減を図るこ
ととしています。

6　おわりに

　高知市がこれまでに整備してきたポンプ場や雨水管きょは、幾多の
浸水被害を受けながらも、市民の皆様のご協力のもと、浸水対策事業
に携わられた方々によって築き上げられた「浸水に強いまちづくり」
の成果です。昔から雨が多く、浸水対策が宿命でもある高知市では、

この成果をしっかりと受け継いでいく必要があります。

　しかしながら、高知市の下水道事業全体を見てみますと、汚水処理施設の未普及対策や南海トラフ地震に備えた耐震・耐津波対策、老朽化した施設の更新需要の増大など多くの課題を抱えており、また、財政状況も厳しいことから、浸水対策を従来型の画一的な施設整備で対応することが困難となっています。

　今後は、水路や排水機場などの既存ストックを最大限活用しながら、浸水リスクが高い箇所への小規模な排水ポンプの設置や、県が進める河川事業に併せた施設整備、施設の運用方法の見直しなど、早期に効果を発現できる効率的な対策に取り組んでいきます。

　また、全国で記録的な豪雨による浸水被害が多発しています。浸水対策に対するニーズは急速に高まっていますが、ハード対策だけでは対応が困難な状況となっており、ソフト対策に関する取組みも重要性が増してきています。

　今後は、河川管理者や防災部局と連携しながら、ソフト対策の検討も行い、下水道施設の能力を超えるような降雨に対しても、市民の生命と財産を守るための取組みを進めていきます。

3.2　国、県、町の連携による宇治川流域の床上浸水被害解消

いの町上下水道課　加　藤　文　隆

1　現状と課題

　いの町は、平成16年10月に旧伊野町、吾北村、本川村が合併して誕生した町で、高知県の中央部、県都高知市の西隣に位置し、総面積は470.97km^2（高知県の約6.6％）、人口は22,397人（令和２年４月１日時点）です。

　いの町の南部には、東西に幹線道路（国道33号等）と鉄道（JR土讃線、とさでん交通伊野線）が走っています。また、南北には町の都市軸となる国道194号が走り、高知市と愛媛県西条市を結ぶ北の玄関口としての役割を果たしているほか、中央部で国道194号と交差する国道439号が東西に横断し、国道32号と国道33号を結ぶ主要な幹線道路が整備されています。

　そして、北部山岳地帯から中南部平坦地帯に向かっては、町を代表する清流・仁淀川が流れています。四国最高峰の石鎚山を源流とする仁淀川は、秘境・にこ淵に代表されるように「仁淀ブルー」と称される独特の美しい色彩をたたえ、国土交通省が公表している水質調査では平成22年から令和２年の10年間で８度「最も水質が良好な河川」に選ばれており、清流として全国にその名が知られています。その豊富な資源を擁する流域には多くの集落が散在し、下流部には高知市と隣接する市街地や、稲や生姜を特産とする農耕地が広がっています。特に伊野地区（旧伊野町）は「土佐和紙発祥の地」として、現在でも製

紙業が主要な産業を占めるなど、「紙のまちいの町」としても全国に知られています。

　昭和53年度に公共下水道事業に着手して以来、汚水処理施設の整備を進めており、令和元年度末時点では、事業計画区域194haのうち100haの整備が完了し、公共下水道のほか農業集落排水２処理区および大型浄化槽１処理区が整備完了となっています。

　一方、雨水対策事業は、一級河川仁淀川および仁淀川左支川の一級河川宇治川、宇治川支川の早稲川、相生川を軸に内水排除していますが、各河川に小水路が流入していることから、現況水路を改修して雨水排除を行っています。

　このうち平成26年８月に大規模な浸水被害が発生した宇治川上流域の枝川地区は、昭和40年以降、隣接する高知市のベッドタウンとして宅地開発が行われている地域です。この地域で最も大きな水害を引き起こしたのは昭和50年８月の台風５号で、２日間雨量450mmの豪雨により、低地はほとんどが水没しました。宇治川上流域は、地盤高が下流域より低い「低奥形の地形」であることや、縦断勾配が2,000分の１程度と極めて緩く、内水が溜まりやすいことから床上浸水1,324戸、床下浸水1,400戸という甚大な浸水被害が発生し、激甚災害に指定されました。昭和50年以降についても、平成16年までの29年間に38回の浸水被害があり、延べ浸水家屋は6,900戸にも及んでいます。

　いの町では、昭和50年の豪雨被害以降、国や県の協力のもと、仁淀川流域全体で排水能力が毎秒242.5m^{3}となる放水路やポンプ場が整備され、うち宇治川流域では毎秒114.6m^{3}となる放水路やポンプ場、12,500m^{3}の貯留能力を持つ施設などが整備されました。さらに、宇治川流域の枝川地区で平成５年に発生した大水害を契機に、平成７年に採択された宇治川床上浸水対策特別緊急事業において、核となる「新宇治川放水路」（最大55m^3/秒放流）が平成19年２月に完成しました。

以後、宇治川流域では浸水被害が激減し、国道33号、とさでん交通、JR土讃線など交通施設が充実している枝川地区の開発が一気に進みました。

「新宇治川放水路」の完成以降も平成19年7月、平成22年6月、10月に浸水被害が発生していますが、床下浸水被害は3件にとどまっています。事業未実施であった場合の浸水被害シミュレーションでは、床上浸水被害81戸、床下浸水被害406戸であり、その効果が検証されました。

このような中、平成26年8月に観測史上最大となる豪雨（2日間雨量751mm）により、町全体で295戸の家屋浸水被害が発生し、うち256戸（床上浸水被害142戸、床下浸水被害114戸）が宇治川流域で発生する事態となりました。

昭和50年の台風5号と平成26年8月豪雨を比較すると、平成26年8月豪雨における2日間雨量は約1.7倍に増加していますが、浸水面積は約88％減少したほか、浸水家屋も約91％減少しています。このことから、これまでの排水施設や貯留施設等を中心とするハード事業の着実な整備が、これらの効果を生んだ大きな要因であると考えられます。

◇2 三者一体でハード、ソフト両面を

平成26年8月の豪雨被害を受け、宇治川流域の浸水被害を防止・軽減するため、技術的な検討や具体的な対策メニューの絞り込みなどを行う宇治川浸水対策調整会議を国、高知県、いの町の三者で平成26年9月に設立し、「宇治川総合内水対策計画」を策定しました。三者一体で事業に取り組むことで、平成26年8月の台風12号と同様の豪雨に対し、床上浸水被害の解消を目指すものとなっています。

具体的な対策としては、高知県が天神ヶ谷川（約620m）の河川改

修を行い、溢水による氾濫を防ぐ対策を講じるほか、いの町で浸水した区域を7つに分割し、それぞれの地区の浸水原因に応じた対策を進めています。また、下流の宇治川の流量が増加し、水位が上昇することを防ぐため、国は宇治川最下流の宇治川排水機場のポンプ増設（12m³/秒ポンプ増設）と河道掘削を行いました。

　いの町の対策については、下水道事業での雨水排除を計画し、平成27年の改正下水道法で制度化された雨水公共下水道事業での事業化を行いました。事業化に当たっては、平成28年度末に策定した汚水処理未普及地域解消に向けたアクションプランで、雨水公共下水道の整備を行う2排水区（枝川第1、第2都市下水路排水区）の汚水処理方式について、当面公共下水道での下水処理を実施しないことを明記しました。これに基づき、当該地区でポンプ場2カ所、雨水管きょ約3.7kmについて令和2年度の事業完了を目指し整備しています。なお、令和2年3月には、2ポンプ場のうち1カ所目となる西浦ポンプ場（2.6m³/秒）の供用を開始しました。残る東浦ポンプ場（1.8m³/秒）についても、令和2年10月の供用を開始しました。

　一方、こうしたハード面での整備をより効果的なものにするために、ソフト面の取組みについても、国や高知県と連携を図りながら適切な対策を進めています。

　防災情報の提供としては、国のHP「川の防災情報」により、仁淀川、宇治川などの流域のリアルタイムな降雨情報、河川の水位や雨量等の情報提供を行っています。また、いの町が整備している枝川地区に特化した「いの町枝川地区高度雨水情報システム」では、宇治川および宇治川支川の天神ヶ谷川のリアルタイムの水位や雨量データ、画像の配信を行っています。さらに、いの町のHPから登録できる災害情報のメール配信サービスでは、各個人へ防災情報や気象情報を配信する取組みを行っています。

　このほか、新たな取組みとして、洪水時に川の水位状況を画像や目視で確認できるよう、階段などの河川構造物に量水標を整備することとしています。量水標の設置により、流域住民が自分の目で降雨時の水位状況を現地で確認することが可能となります。加えて、平時から量水標を目にしてもらうことで、洪水災害に対する住民の危機意識の高揚を図ります。

　また、過去の豪雨による実績浸水深を浸水想定区域内の主要な箇所に標示しています。過去の浸水被害を認識することで、防災意識の高まりにつながると考えています。

　さらに浸水対策事業の整備後、再び同様の豪雨が発生した場合においても、床上浸水被害を発生させないため、ハード対策との整合性を図り、今後新たに居宅を建築する場合には、居室の床の上面を一定以上の高さにする条例の整備を計画しています。

3　おわりに

　日本国内のみならず世界中で、地球温暖化等の影響により豪雨被害が多発しており、異常気象は異常ではないということもよく耳にします。自然の猛威に対抗するために人間が行うインフラ整備には、限界があるように感じています。

　今後は、住民の皆様に自分の住む地域の状況を知ってもらえるよう、情報発信を行っていくことが特に重要となります。そして、前述しましたソフト対策や啓発活動によって、危機意識・防災意識の高揚、自助・公助・共助の強化よる被害の軽減を図っていきたいと考えています。

3.3　事業間連携による 北九州市の下水道強靱化

北九州市上下水道局　伊　藤　智　則

1　現状と課題

1.1　北九州市を取り巻く自然・産業

　北九州市は、九州最北端に位置する、九州で最初の政令指定都市です。地理的には、九州最大の都市・福岡市と近く、関門海峡を介して本州とのアクセスも良好となっています。また自然環境が豊かであり、周防灘や関門海峡、響灘に面した海岸線は200km以上に及び、日本有数のカルスト台地を有する平尾台を含む森林面積は市域の約40%を占めています。都心部には、北九州市のシンボルとなっている紫川が悠然と流れ、清澄な河川に棲むアユやシロウオの遡上が確認できます。

　近年、「ジャパンSDGsアワード」特別賞受賞や経済協力開発機構（OECD）の「SDGs推進に向けた世界のモデル都市」に選定されるなど、環境都市・持続可能な都市として国内外から高い評価を受けています。

1.2　甚大な公害の歴史

　北九州市は、明治34年の官営八幡製鐵所操業を機に工業都市として成長を続けてきましたが、その成長と引き換えに甚大な公害を招いた過去があります。高度経済成長期には、数々の工場から排出される煙や廃水により、空は「七色の空」と呼ばれるほど化学物質が混じる煤塵に覆われ、洞海湾や紫川は「死の海」、「どぶ川」と呼ばれるほど水質悪化が進みました。

写真1　バラックが密集する紫川（昭和30〜40年代）

「七色の空」から降下する煤塵量は日本一（108t/km²/月）となり、「死の海」と化した洞海湾では大腸菌ですら棲むことができず、「どぶ川」と呼ばれる紫川ではバラック（不法建築物）や豚小屋が建築され、600世帯2000人、500頭の生活雑排水・糞尿が垂れ流しになっていました。この劣悪な環境は昭和40年代をピークに昭和50年代後半まで続きました。

1.3　公害からの克服　〜官民連携の証〜

　公害が進むにつれ、住民、特に体の弱い子供たちの健康被害が進みました。子どもの健康を心配した母親たちで構成する婦人会は、「青空がほしい」をスローガンに掲げ、自発的に大気汚染の状況を調査し、その結果をもとに企業や行政に改善を求める運動を起こしました。この運動に呼応するように、企業は生産工程の改善や汚染物質の除去処理、公共水域の堆積物の浚渫などを行い、行政は公害対策組織の体制構築や規制制度の整備、法の限界を補完するための「公害防止協定」の締結などを行いました。この過程で、下水道整備にも注力し、人口普及率が大幅に向上、海や河川の水質が飛躍的に改善されました。

　このように北九州市では、市民・企業・行政のパートナーシップが古くから根付いており、現在のまちづくりや地域環境改善活動に引き継がれています。

写真2　蘇った空と海（昭和30年代後半と現在）

1.4　下水道が直面する課題

　北九州市は、大正7年の事業認可を機に下水道事業に着手し、本格的な汚水整備は、市が誕生した昭和38年に始まりました。その後、着実に事業を進捗させ、平成18年には汚水整備が概成（人口普及率99.8％）、平成30年には下水道事業100周年という節目を迎えました。公共用水域の水質改善が進む一方で、北九州市の下水道は、浸水対策・地震対策・改築更新・経営改善など様々な課題を抱えています。特に近年多発する、短時間に記録的な大雨が降る、いわゆるゲリラ豪雨による浸水被害への対応は市民からの要望も高く、長年の課題となっています。北九州市の浸水対策は、平成初期に確率年を10年（それまでは5年確率）に設定したほか、流出係数を実態に沿って見直しています。以降、様々な対策を講じてきましたが、近年の記録的な大

写真3 市街地での度重なる浸水被害
(左：平成21年7月小倉北区旦過市場、右：平成25年7月八幡西区国道3号)

雨になるといまだ浸水被害が発生しており、道半ばといった状態となっています。

2 事業間連携による浸水対策

2.1 100m/h安心プラン

　北九州市小倉北区の中心部は、幾度となく大雨による浸水被害を受けてきましたが、抜本的な対策が遅れていました。この要因となったのは、合流式下水道で整備しており一定水準の雨水整備が完了していること、河川事業と歩調を合わせた整備が不可欠であること、他地区の浸水対策に注力していたこと等でした。このような中、平成21年、22年、25年と続けて浸水被害が生じたため、平成27年に、国の「100m/h安心プラン」に同地区を登録し、河川事業と連携して浸水対策を行うこととしました。

　下水道分野における具体的な対策としては、雨水管や貯留管

写真4 旦過昭和町地区の浸水状況

の整備など一般的なものがほとんどでありますが、河川事業と連携して計画づくりを行うことで、計画内容や実情（未整備段階の河川水位など）を共有でき、整備方針や手順の決定、住民対応、ソフト対策などが円滑に進みました。

　「100m/h安心プラン」に登録した区域は広範囲であることから、4地区（旦過昭和町地区・宇佐町地区・黒住地区・片野新町地区）に細分化し、各地区の条件に適した計画づくりを行いました。

　なかでも旦過昭和町地区は、浸水被害の範囲が広く、住宅地や学校、「北九州の台所」と呼ばれる旦過市場やTOTO㈱第一工場などの商工業が集まっているため、多岐にわたるハード整備が必要です。また、この地区は、外水氾濫と内水被害が同時に発生するため、雨水ポンプを増強し河川へ放流することができず、河川の拡幅工事と併せて雨水貯留管を整備することとしました。河川の拡幅工事は、旦過市場

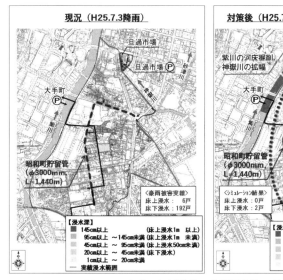

図1　下水道・河川整備により浸水範囲が大幅に減少

写真5　整備が進展する昭和町雨水貯留管建設工事
（φ3,000、L＝1.5km）

の大規模な区画整理事業との連携も必要になることから、長期間にわたる整備が想定されます。下水道による貯留管工事においても口径3,000mm、延長約1.5km、貯留量9,500m^3（25mプール26杯分）を布設した後、ポンプ設備や流入きょの工事が続くため、供用開始までは数年かかる予定です。

　抜本的な対策が完了するまで期間を要することから、緊急対策の一環として仮設ポンプの設置などを行っています。さらに、ソフト施策や自助活動も充実させており、ハザードマップの作成・配布に加え、止水板や土囊などを格納する水防倉庫を活用した訓練の実施、防災メールの配信などを行っています。

　また、行政間の連携の場として、「河川・下水道浸水対策連絡会議」を設け、情報交換を行っています。

2.2　真名子雨水排水ポンプ場整備

　北九州市のベッドタウンである八幡西区の南部は、一級河川遠賀川に隣接しており住宅地が広がっています。また、九州自動車道や北九州都市高速道路のインターチェンジが近く、交通の要衝として機能しています。

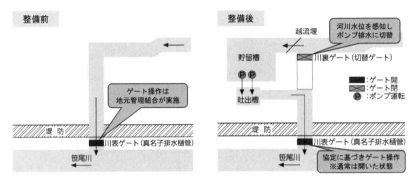

図2　排水ポンプ稼働で浸水被害を防ぐ

　また、当該地は地盤が低く、河川の水位が上昇すると河川に設置している樋門を閉じるため、内水が排除されずに浸水被害が発生していました。そのため、内水排除を目的とした真名子雨水排水ポンプ場を整備しましたが、河川管理者である国土交通省からは、一定の水位になると樋門を閉じるよう指示を受けていました。

　樋門の開閉については、地元管理組合が経験に基づき行っていましたが、外水と内水の水位状況を見極めながら運転することは難しく、機を逸すれば浸水被害を招くこともありました。このことは人災にもつながりかねないことから、国交省と北九州市は管理協定を締結し、樋門を閉じる水位条件や指示体系などを明確にしました。現在では、管理協定に基づいて樋門の管理を行っており、万一、河川水位が上昇した場合は、国交省から北九州市が指示を受け、その指示のもと管理組合に作業連絡を行うこととなりました。

　真名子雨水排水ポンプ場の供用開始以降、この地区での浸水被害はなく、国交省・北九州市・地元管理組合の連携も向上しています。

2.3　紫川マイタウン・マイリバー整備事業

　北九州市には、事業間連携の代表ともいえる事業が存在します。それは、紫川マイタウン・マイリバー整備事業です。この事業は、下水

写真6　紫川を中心としたまちづくり

道・河川・道路・公園・都市で連携し、紫川を中心とした魅力あるまちづくりを行うものです。

　冒頭でも紹介した通り、紫川は「どぶ川」とも呼ばれ、人が寄り付かないような空間でした。しかし、この地区で、河川改修や下水道整備、公園と都市づくりが一体となり、水環境の改善をはじめ商業施設や公園の面整備などを進めた結果、現在では、にぎわいを創出する、北九州市の顔とも呼べる空間に成長しています。これらの経験を次世代に引き継ぐため、流域内に「水環境館」を設け、水質浄化の歴史や水生生物などを学べる貴重な環境学習の場としています。

◆3　おわりに

　下水道事業は、汚水・汚泥処理や浸水対策など、快適で安全・安心なまちづくりの一翼を担っていますが、現代社会の複雑な課題を解決するため、他（多）事業との連携が重要になってきています。SDGsの目標やターゲットの中で下水道事業がかかわる事項をみても、下水道単独で目標を達成できるものはほとんどなく、都市開発や治水対策、環境施策（ゴミ処理や浄化槽事業）などとの連携が必須となって

います。

　北九州市においては、人口減少に伴う使用料収入の減少や施設の老朽化に伴う更新・修繕費用の増大など、下水道事業を取り巻く環境が年々厳しさを増しています。さらに少子高齢化なども課題となっており、下水道を支える人材の確保・育成も急務となっています。

　現行の「北九州市上下水道事業中期経営計画」を着実に進めるとともに、さらなる経費縮減や施設規模の最適化の検討など、より一層の「選択と集中」を進め、市民サービスの向上、危機管理対策の強化を図りながら、将来を見据えた持続可能な事業運営に努めていきます。

　また、平成28年4月には、北九州市を含む福岡県北東部の6市11町で構成される「北九州都市圏域」の連携協約を締結しました。圏域の中核都市としての期待が高まっており、周辺の市町を支援する下水道事業の広域化にも取り組んでいきます。

　下水道は快適で安全・安心な市民生活を守るうえで、なくてはならない施設です。今後も、事業間や組織間、官民で緊密に連携を図りながら、良好な水環境を次世代に引き継ぐとともに、水害から市民を守る重要な役割を果たし、「水めぐる"住みよいまち"をめざして」をキーワードに、さらなる発展につなげていきます。

3.4 豪雨災害の軽減に向けた排水能力評価技術の高度化

高知大学 張 浩

1 研究背景

　豪雨災害を防止・軽減するために、下水道管路網の強化、雨水貯留・浸透施設の建設、排水機場整備など様々なハード面での対策と、土地利用施策、警戒避難対策、防災教育・訓練などソフト面での備えは、全国的に充実してきています。一方、近年、豪雨災害は激甚化しており、人命や財産を奪い、都市機能を麻痺させ、安全・安心な社会づくりの脅威となっています。既存防災ストックの効果と能力を適切に評価し、下水道施設の有効活用方法の確立と今後の防災対策の進め方を検討することが求められています。

　太平洋に面している高知県は、年間降水量が2,500mmを超え、時間雨量50mmを超える強雨も多発する豪雨地域です。県都高知市では市域を分断するように7つの河川が流れているため、海抜ゼロメートル地帯が広範囲に分布し、たびたび来襲する豪雨によって甚大な災害が発生しています。

　相次ぐ豪雨災害を受け、高知市では雨水対策に重点を置いた下水道整備を進めてきており、整備水準が時間雨量77mmとなった地域もあります。これまでの下水道整備により一定の防災・減災効果が発揮されてきましたが、近年、突発的・激甚的な局所豪雨による災害が後を絶ちません。

　平成26年の豪雨では、8月1日から10日間で、降雨量が2,000mmを

超えた場所もあり、8月3日には高知市内全域に避難勧告が出される非常事態となりました。奇跡的に犠牲者は出なかったものの、市北部紅水川流域をはじめ、一部の地域では内水・外水氾濫が発生しました。

　高知市は高い整備レベルで豪雨防災対策を進めてきましたが、人口減少・高齢化が著しいことや、土地の高度利用が進んでおり用地取得が難しいこと、財政状況が厳しいこと等から、今まで以上のハード整備を進めることは困難です。増え続ける災害外力に対して、既存ストックのボトルネックはどこにあるのか、どの程度の降雨に対して安全であるのか、どのような利活用手法が効果的・効率的であるのか、根本的な解決策は存在するのか等を把握・検討するため、既存下水道施設の実際の排水能力をきめ細かく評価することは急務だと考えます。

2　下水道水理に関する基礎研究

　下水道施設は、一般的に合理式等を用いて5〜10年確率降雨に対応する排水能力を確保すべく、整備が進められました。一方、雨の降り方や流域土地利用の変化、流量調節の影響、放流先排水制限などにより、下水道施設の実際の排水能力を把握できていないのが実情です。図1は、都市浸水にかかわる主な要素である、降雨、河川、堤防、排水きょ、下水道、側溝、マンホール、排水機場等を示したイメージ図です。豪雨災害による被害軽減に向け、下水道施設の排水能力を正確に評価するには、災害事象・実態をいち早く捉える現地観測システム、浸水リスクや氾濫プロセスを正確に予測できる流出解析モデル、および下水道排水過程に欠かせない複雑な水理現象の解明が重要です。ここでは、高知大学を中心に進めてきた気象・流況現地観測技術の開発、雨水経路をより忠実に再現しうる流出解析モデルの構築、マンホール流れを代表する下水道水理に関する基礎研究の推進などについて紹介します。

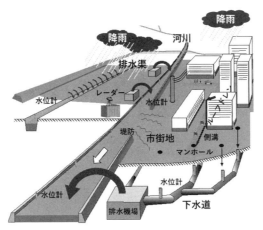

図1 都市浸水にかかわる主な要素

2.1 高精度気象・流況観測システム

　平成30年7月豪雨や令和元年東日本台風、令和2年7月豪雨等、頻発する災害を機に、既存防災システムにおける災害リスクと災害実態把握の遅れが広く認識されるようになりました。

　現在、気象庁と国土交通省を中心に、極端気象に伴う集中豪雨を観測できる気象レーダーネットワークであるXRAINが構築されつつあります。XRAINの対象区域では、X-band MPレーダーを活かした雨量観測を行っています。さらに、河川・下水道・排水きょの代表地点や市街地氾濫危険場所、重要防災施設周辺に設置した小型電池式水位計を用いた流況モニタリングを行うことで、気象・流況を同時に観測でき、流域における雨水の動態を細かく把握することが可能となります。

　そこで、高知県のようなXRAIN未整備地域において、これらを補完する安価かつ小型のMPレーダーによるネットワークの構築を提案しました。高知大学では、急激な気象の変化を観測できるよう高度1kmの降水情報を1分ごとに高精度で提供できる小型レーダーシステムを構築しています。加えて、高知市紅水川流域をパイロット地区と

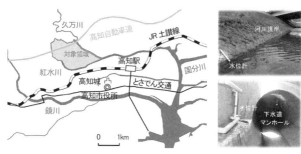

図2　現地観測対象領域

し、低コストかつ省エネの圧力水位計を用いた継続的な河川・下水道水位観測システムを試験的に設置しました（図2）。最新の観測データにより、河川の水位変化は降雨ハイエントグラフと強く関係していることや、下水道内の水の流れは断続的な大雨、短時間集中豪雨、長時間続く大雨など雨の降り方によって大きく異なることが確認されました（図3）。特に長時間続く大雨の場合、下水道から排水きょへの逆流、ポンプ場や下水道下流端からのバックウォーターにより、下水道排水能力の低下や内水氾濫危険性の増加などが確認できました。また、ポンプ場から河川への放流により河川水位が増加することから、流域における浸水リスクは雨の降り方と防災施設の稼働状況の両方に関係することが明らかとなりました。防災施設の利活用による豪雨災害の軽減が期待されています[1]。

　現地観測データと数値モデル予測情報を最大限に活用することで、河川水位ピークと下水道水位ピークのズレを踏まえた排水ポンプによる事前放流、降雨予測や放流先河川水位の予測に基づいたポンプ稼働計画、下水道と放流先河川の水位予測を踏まえた排水路の水門開閉など、防災ストックの利活用方法が検討可能となりました。

1　Zhang, H., Okada, S., Fujiwara, T., Sassa, K. and Kawaike, K.: Field investigation of stormwater flows in an urban sewer system and a receiving stream, Journal of JSCE, Ser. B1 (Hydraulic Engineering), Vol.76 (2), pp.901-906, 2020

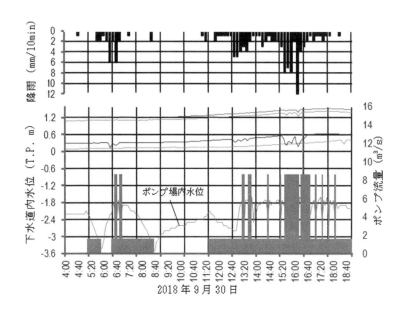

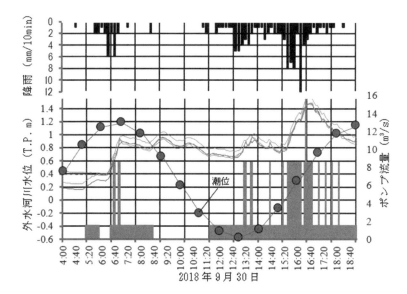

図3　豪雨時における下水道および放流先河川内の水位変動一例

2.2　雨水経路をより忠実に再現できる流出解析モデル

　下水道排水能力評価や氾濫解析において、詳細な流れを再現できる流出解析モデルは広く使われています。解析速度が求められる実務の現場では、InfoWorks ICM、MIKE URBANやxpswmmなどの汎用ソフトがすでに実用化された一方、地上・地下での水の授受関係等、水理現象の簡略化に伴う精度の低下が懸念されます。これを勘案し、複雑な構造物と地形を忠実に再現できる非構造格子を用いた地上2次元流れモデルと、大規模下水道管きょシステムに適用可能な1次元管きょモデルを組み合わせ、高精度の流れ・氾濫が予測できる数値モデルを構築しました[2]。マンホールまたは雨水桝を介した地上流・管きょ流交換のような従来の取り扱いと異なり、地上部に降った雨水が側溝へ流入し、雨水桝で集水され、下水道に排水されるような、現状に即したモデルとなっています。地表面と下水道管きょ網の間の雨水排水／逆流の過程において、側溝関連施設を経由する経路を考えるため、地上部—側溝間、側溝—雨水桝間、雨水桝—下水道管きょ間の流量交換モデルを新たに提案しました（図4）。

　このモデルを用いて、平成26年8月に発生した高知市紅水川流域の浸水災害に関する再現シミュレーションと様々なシナリオを用いた予測に関する検討を行い、全計測地点における実績痕跡浸水深と解析最大浸水深を比較した結果、モデルの再現性を確認できました。

　今回提案したモデル（改良モデル）による解析と、側溝等を考慮しない従来モデルによる解析を行うと、両者のピーク水量に顕著な差が見られ、豪雨時の側溝関連施設の貯留効果が確認できました。さらに、側溝容量の増加に伴い、地上部の雨水および下水道管きょからの逆流流量を貯留する容量が増加することで、地上部の最大浸水深およ

2　Kawaike, K., Zhang, H., Sawatani, T. and Nakagawa, H.: Modeling of stormwater drainage/overflow processes considering ditches and their related structures, Journal of Natural Disaster Science, Vol.39, No.2, pp.35-48, 2018

び最大浸水水量が減少することが分かりました。また、排水過程の違いが内水氾濫の発生時刻や降雨強度の変動に応じた地上部の浸水水量の変動率に大きく影響することも分かりました（図5）。改良モデルを活かすことで、より高度な浸水予測が期待できると考えています。

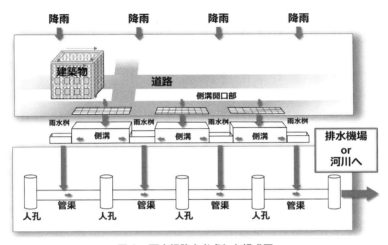

図4　雨水経路を考慮した模式図

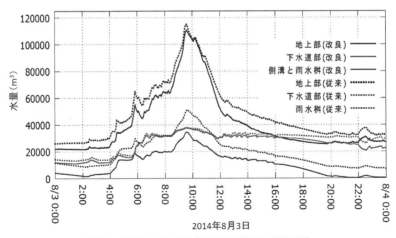

図5　各部に存在する水量の時間経過（解析例）

2.3　下水道マンホール部における水理現象

　マンホールは、下水道システムにおいて重要な施設の１つです。そして、マンホール周辺におけるエネルギー損失は下水道管きょ流下能力だけでなく、浸水予測の精度に大いに影響します。マンホールによるエネルギー損失を無視した流出解析では下水道排水能力は過大評価され、浸水予測では地表面での浸水深や浸水範囲が過小に評価されることになります。マンホール部におけるエネルギー損失は、マンホールの形状、流入流出管きょの物理特性、マンホールと流入流出管きょとの接続状態、流入流量や下流側排水水深等との関連性が指摘されていますが、根本的には大規模な渦構造をはじめ、マンホール部の複雑な３次元流れに支配されます。

　そこで、３方向接合型マンホールを対象として、マンホールが下水道管きょの流れやエネルギー損失に及ぼす影響評価を測定する実験的研究を行いました。特に、マンホールの形状、管きょの主管・支管の接合角度、管内流量、下流水深などがエネルギー損失に及ぼす影響と、エネルギー損失過程において無視できない大規模渦などに代表されるマンホール内の流れ構造を調べました（図６）。様々な条件での実験結果と流れ基礎理論式に基づいて、支配的要因を抽出するとともに、エネルギー損失係数を評価する半経験式を提案しました[3]。また、粒子画像流速測定法（PIV）を用いて、下水道管きょの主管・支管の接合角度と流量比によるマンホール内の局所流の違いについて可視化と定量化を実施しました。その結果、マンホール内では複雑な渦に代表される３次元性の強い流れが存在し、主管および支管からの流入水の衝突によって生じる流線の曲がりや壁面との衝突状況は、接合角度と流量比によって異なることが明らかになりました。

3　Zhang, H., Kawaike, K., Okada, S. and Fujiwara, T.: Experimental study on hydraulic properties of manholes in a surcharged sewer pipe system, Journal of JSCE, Ser. A2（Applied Mechanics）, Vol.76（2）, 10p, 2021（in press）

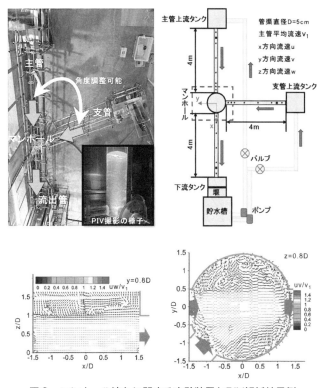

図６　マンホール流れに関する実験装置とPIV解析結果例

③　おわりに

　下水道施設排水能力評価技術の高度化にかかわる重要な項目につい
て学術的な検討を行った結果、クラウドによる観測データの集約と配
信、予測モデルにおけるビッグデータ解析の高速化、マンホール水理
モデルの高精細化、予測技術と観測技術のシームレスな整合や実用化
に向けたさらなる改良と検証などが必要だと考えています。高知市紅
水川流域パイロット地区での成果を踏まえ、既存ストックの利活用や
河川・下水道連携事業を支える実用可能な技術として発展させていき

たいです。

　豪雨災害のリスクは、「脆弱性」、「ハザード」、「暴露」の3要素が相互に作用して決定されます。下水道施設排水能力評価技術を高度化し、脆弱性を補完することで防災・減災効果が期待できます。一方、自然の猛威は従来の防災対策を上回り、被害を防ぎきれない事態も発生しています。「脆弱性」を重点に置いた従来の対症療法型防災に加え、持続可能で安全・安心な社会の実現に向けて「ハザード」と「暴露」を考慮した新しい根本療法型防災を考える必要があるように思います。具体的には、国際協調による効果的な地球温暖化対策や実用可能な気候制御技術の開発などによる「ハザード」の低減[4]、まちづくりと住まい方（居住地域・住宅）を工夫した災害に強いコンパクトシティの推進による「暴露」の低減などが考えられます。

　科学技術のイノベーションだけでなく、行政・住民・マスコミなど様々なステークホルダーの知恵と協働が不可欠となります。

4　Wei, J., Qiu, J., Li, T. et al.: Cloud and precipitation interference by strong low-frequency sound wave, Sci. China Technol. Sci., Vol.63, DOI: 10.1007/s11431-019-1564-9, 2020

第4章

地域協働による
持続可能な
下水道の実現

4.1　小規模自治体初の コンセッション事業実施

須崎市建設課　西　村　公　志

1　課題と経営改善策の検討

　須崎市では下水道事業の経営改善策を検討するため、平成25〜26年の2年間で高知県下水道経営健全化検討委員会に参画するなど、下水道事業の経営分析および課題の抽出、経営改善策の検討を行いました。

　具体的な課題として表1の通り、①流入水量に対し、既存施設の処理能力が過大となっているため、施設の稼働率が低迷していること、②供用開始から20年以上が経過していることや地震津波対策のため、今後施設の改築更新に多額の追加投資が必要となること、③下水道使用料収入で維持管理費が賄えておらず、経費回収率が低迷していること——などです。

　これらを踏まえ、将来の経営シミュレーションを実施し、経営改善策を検討した結果、採算性が極めて悪化している須崎市の下水道事業と、人口減少等により過大な処理能力を抱えている須崎市終末処理場について、「維持管理業務への官民連携手法の導入」、「維持管理費の早期低減に向けた水処理施設のダウンサイジングの検討」という2つの手法により、下水道事業の効率化と抜本的な経営改善を図る方向性が示されました。

表1　須崎市公共下水道事業（汚水）の課題

項 目		課 題
社会環境	行政人口、地域経済	➤人口減少、高齢化が顕著
		➤H22年度に過疎市町村に指定
		➤雇用創出、地域経済の活性化も課題
	一般会計	➤経常収支比率の高まりにより、財政運営の自由度が低下
		➤地方交付税への依存度が高い
事業規模	下水道（汚水）整備	➤平成7年度の供用開始から現在まで、面整備を未実施
	処理場用地	➤未利用地あり
施設管理	水洗化率	➤供用後25年で水洗化率73％程度
	処理施設稼働率	➤実質26％程度
	雨天時の不明水	➤降雨の影響が長期間続く
追加投資 ※総額約21億円	長寿命化対策	➤水処理施設の改築更新12.1億円
		➤不明水対策のため、管路の劣化状況調査も必要
	地震・津波対策	➤耐震化工事5.6億円
		➤耐津波対策工事3.2億円
執行体制	担当職員数の減少	➤維持管理職員あたりの有収水量が、極めて小さい
		➤運転管理費（委託）の比率が高まる
事業の持続性	経費回収率の低迷	➤下水道使用料収入で、維持管理費を賄えていない
	現状トレンド将来予測	➤事業の持続が困難（一般会計から多額の繰入継続）

◇2　PFI法第6条に基づく民間提案

　官民連携事業の導入手法を検討していたところ、平成28年6月に民間企業グループから「PFI法第6条」に基づく民間提案をいただきました。民間提案は、公共下水道施設（汚水）に公共施設等運営権を設定し、公共下水道施設（雨水）や漁業集落排水処理施設等について、一体的に管理運営を行う内容（コンセッション事業＋包括的維持管理委託等）となっていました。この民間提案の内容を精査するため、事

業化検討調査を実施し提案のあった事業内容について、その有効性を確認しました。

③ 事業概要と運営事業者

3.1 事業概要

　須崎市公共下水道施設等運営事業（以下、「本事業」という。）は、その民間提案をベースに市が所管する関連業務をパッケージ化し、一元的に管理運営する事業となっており、事業対象施設は表2の通り、汚水管きょ、終末処理場、雨水ポンプ場、雨水管きょ、漁業集落排水処理施設浄化槽、漁業集落排水処理施設中継ポンプ場、クリーンセンターの計7施設です。

　このうち汚水管きょと終末処理場は、PFI法に基づく公共施設等運営事業で管理運営を行います。事業開始当初から運営権が設定される汚水管きょは、供用開始から約25年が経過していますが良好な状態であることが分かっており、当面は小修繕と不明水対策を中心に、維持・管理・運営を行っていく見込みです。

表2　事業対象施設と事業方式

事業対象施設と業務内容			事業方式
公共下水道施設	経営に関する業務	企画運営、下水道関連計画策定等	コンセッション
	汚水管きょ	企画運営、維持管理（小修繕含む）	〃
	終末処理場	運転維持管理 → 企画運営、維持管理（小修繕含む）	包括委託 → コンセッション
	雨水ポンプ場	保守点検	仕様発注による維持管理委託
	雨水管きょ	維持管理（小修繕含む）	〃
漁業集落排水処理施設※管きょは対象外	浄化槽	維持管理（小修繕含む）	包括的維持管理委託
	中継ポンプ場	維持管理（小修繕含む）	〃
クリーンセンター等		運転維持管理	〃

　須崎市終末処理場（写真1）は、B-DASHプロジェクト（下水道革新的技術実証事業）の実証研究施設が国から市に移管された後、運営権を追加設定する予定で、それまでの期間は従来通り包括的維持管理委託業務で運転管理を行います。

　雨水ポンプ場と雨水管きょは仕様発注による維持管理委託業務、漁業集落排水処理施設の浄化槽と中継ポンプ場（※管きょは対象外）、クリーンセンター等は包括的維持管理委託業務で、運転維持管理を行います。なおクリーンセンター等には、一般廃棄物最終処分場（埋立処分場・浸出水処理施設）と再資源化処理施設の3つの施設が含まれています。

　運営事業の対象となっている「経営に関する業務」には、下水道事業計画や生活排水処理構想の改定、経営戦略策定、ストックマネジメント計画策定、企業会計移行支援等の計画策定関連業務（図1）を含み、運営事業者（SPC）が経営必達目標を達成するため、自らが市の下水道事業のあり方を見据え、事業を運営していくスキームとなっています。

写真1　須崎市終末処理場

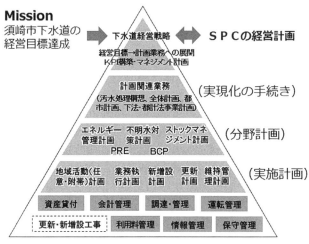

図1　計画策定関連業務の構成図
※提供：㈱クリンパートナーズ須崎

3.2　運営事業者と公共施設等運営権の設定

　運営事業者となる㈱クリンパートナーズ須崎は、令和元年11月に設立され、同月、須崎市と本事業にかかる仮契約を締結しました。SPCの出資企業は表3の通り、優先交渉権者の構成企業と同じ5社となっています。

表3　運営事業者とVFM（Value for Money）

運営事業者（SPC）	株式会社クリンパートナーズ須崎　代表取締役社長　村上雅亮
出資企業	株式会社NJS（※代表企業）
	株式会社四国ポンプセンター
	日立造船中国工事株式会社
	株式会社民間資金等活用事業推進機構
	株式会社四国銀行
総事業費	26億9800万円 （事業期間：令和2年4月1日〜令和21年9月30日・19.5年間）
VFM	約7.6％（19.5年で約2億2300万円の市負担額削減効果）

また本事業にかかる公共施設等運営権の設定議案は、令和元年の市議会の12月定例会で審議され、賛成多数で可決されています。この議決により、11月に締結していた仮契約が本契約（実施契約）となりました。

4 事業の特徴と期待される事業効果

4.1 事業の特徴

本事業は国内で初めて、供用している全ての汚水管きょに公共施設等運営権を設定する下水道分野のコンセッション事業であり、過疎地域の小規模な地方公共団体が下水道事業を長期に担保していくモデル的な事業です。また人口減少地域における公共施設の管理運営のあり方を示す、1つの事例となるものと期待されています。

これは、公共下水道事業（汚水）と関連するインフラ維持管理業務を組み合わせたバンドリング型事業（図2）であり、従来のPFI事業とは異なり、施設の改築更新等のハード整備事業は含まれていません。またSPCの収入が、下水道利用料金とサービス対価により構成される混合型コンセッション事業であり、サービス対価（包括的維持管

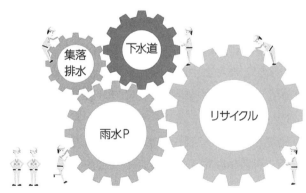

図2　本事業のイメージ図
※提供：㈱クリンパートナーズ須崎

理委託費等の公費支出）を伴う事業形態のため、運営権対価は0円と
しています。

　SPCの収入の1つである下水道利用料金は、須崎市の下水道事業
（汚水）にかかる業務量のうち、SPCに任せることができる業務量を
ABC分析[1]により抽出し、その割合を下水道利用料金の設定割合とし
ています。これにより本事業では、現在の下水道使用料の8割を下水
道利用料金として、SPCが収受することになっています。

4.2　期待される事業効果

　本事業では、要求水準書に記載されている経営必達目標を達成する
ため、SPC自らが公共下水道事業の経営を含む汚水関連業務の企画調
整や、下水道関連計画の策定等を行います。これにより、SPCのノウ
ハウを最大限に発揮し、公共ではできなかった手法も駆使して、官民
一体となり須崎市の公共下水道事業の経営改善を図ります。

　事業開始に伴い、今まで十分にできていなかった業務についても
SPCと連携しながら実施できるようになるため、市民サービスの向上
にも寄与できると考えています。一定程度のVFMも得られる試算と
なっており（表3）、下水道担当職員が少ない須崎市のような小規模
な地方公共団体にとっては、大きなメリットとなります。

　地方公共団体が所管するインフラ管理の広域化・共同化推進の観点
から見ると、本事業は市が所管する関連業務のバンドリングによる共
同化の1つの事例となりますが、本事業では須崎市が他の地方公共団
体のインフラ管理を、地方自治法に規定のある事務委託として受託し
た場合、SPCがそれを担うことができること（実施契約書第40条）と
していますので、インフラ管理の広域化にも寄与できるスキームと
なっています。

1　ABC分析とは、個々の職員が1年間に行っている業務内容と業務量、それに費やしている時間の総計
　をアンケート調査により把握する調査のこと。重点分析とも呼ばれる。

　また19.5年という長期契約となるため、多様なインフラ管理を担う地元企業や人材の育成、下水道資産の活用による新たな収入源の確保、任意事業によるB-DASH実証研究施設への国内外からの視察者誘致や、SPCによる取組みに関する情報発信、地域貢献にも期待しています。

◇5　事業のモニタリング

　本事業では、モニタリング実施計画書と要求水準書、業務仕様書から業務のチェック項目を抽出したチェックリスト（いずれもHPで公表済み）をもとに、SPC自らが行うセルフモニタリングと、須崎市で行うモニタリングを毎月実施しています。

　後者のモニタリングは、庁内の関係各課とSPCによるモニタリング定例会で、前月分の業務内容について会議型式で確認するものです。須崎市では従前から、包括的維持管理委託業務等で下水道施設の運転維持管理を行っており、毎月対面で業務報告を受けていました。今回のモニタリング定例会は、それを踏襲した形となっていますが、モニタリング実施計画書とチェックリストはPDCAを回し、随時見直しを行っています。

　なお、定例会議資料とその議事録は、SPCと市の双方の観点から、それぞれのHPで毎月公表しています。

◇6　おわりに

　令和2年4月からスタートした本事業は、須崎市公共下水道事業の経営改善のための新たな一歩です。須崎市のような過疎地域の小規模な地方公共団体が、このような取組みを進めることができたのも、国土交通省や関係機関・企業の皆さまのお力添えによるもので、この場をお借りし改めて厚く御礼申し上げます。

　高知県の人口減少は、全国平均の15年先を進んでおり、下水道事業をはじめとする行政サービスをどのように維持し、持続可能なものとしていくかという課題をいち早く突きつけられています。

　小さな地方公共団体の小さな挑戦ではありますが、全国の地方公共団体が今後直面する課題に対し、ささやかながら、良いモデルの１つとなれるよう、今後も関係者の皆さま方のご指導をいただきながら、官民一体となって事業を進めていきたいと考えています。

4.2　汚泥肥料有効利用へ 資源循環型農業との協働

岩見沢市水道部　寺　田　智　勝

1　事業概要

　岩見沢市は、北海道の札幌市から北東に約30kmの石狩平野の南部に位置し、人口約79,000人、行政面積（48,102ha）の約4割（19,800ha）が農地（米、タマネギ、小麦、大豆など）という、農業を基幹産業とするまちです。また、特別豪雪地帯に指定されており、平成23年度には降雪量が10.4m、積雪量が2.08mと記録的な豪雪となりました。

　公共下水道は、昭和25年度に認可を受け事業を開始し、現在は3処理区3処理場を整備しています。管きょ延長は約490km、下水道処理人口普及率は約88%、水洗化率は約99%となり、汚水管整備は概ね完了しています。このほかに農業集落排水が2排水区2処理場、管きょ延長約20kmで事業を完了しています。また、平成27年度からは汚水処理施設共同整備事業（MICS）に取り組み、平成31年度から公共下水道の処理場で、し尿の受け入れを開始しています。

2　汚泥肥料の利用経緯と課題

　市内最大の南光園処理場（処理面積2,645ha、処理人口62,700人、処理能力35,000m³／日）を昭和48年に供用開始すると、産出された汚泥肥料（特殊肥料）を、市内や周辺の農業者で構成された「下水道汚泥緑農地有効利用協議会」の会員の農地に無償で提供し、全量が利用されていました。平成6年には、「廃棄物の処理及び清掃に関する法律」

による再生利用業の登録組織として「岩見沢地区汚泥利用組合」（以下、「組合」という。）が結成され、平成12年には含水率80％の脱水汚泥肥料（以下、「脱水」という。）、平成22年には含水率20％の乾燥汚泥肥料（以下、「乾燥」という。）の普通肥料登録を行い、現在、脱水は約2,000t/年、乾燥は消化ガスを利用して約300t/年を生産しています。乾燥は500kgのフレコンパックであるため扱いやすく、各組合員の倉庫でも保管できますが、脱水は臭気があるため屋内保管となり、処理場内の倉庫で保管できない量を乾燥すると産廃処理費よりコストが発生するため、余った脱水は産業廃棄物として市外の産廃処理場で処分していました。また、平成25年当時は、将来的な処理量の増加や処理費の高騰が下水道事業経営に及ぼす影響を懸念していました。

◇3　処理から利用へ

　南光園処理場は、昭和61年に卵形消化槽、平成22年に乾燥機を供用開始するなど、汚泥処理事業を実施してきました。当時、下水道汚泥は処理すべきもので、減量化が第一でした。また、利用者からも敬遠されていたことから、農地利用は副次的なものと考えており、利用者目線で取り組んでいませんでした。それまでは汚泥肥料を利用者に渡すまでの取組みでしたが、汚泥肥料が有効に利用されなければ、持続可能性が確保されないと考え、それまでの「処理」から「利用」へと下水道課職員の意識を転換しました。

◇4　BISTRO下水道と利用者調査

　岩見沢市では、以前から北海道や道内の地方公共団体に汚泥利用の調査・相談はしていましたが、従来の方法では予算を削減しながら汚泥肥料利用の継続を図ることが困難な状況でした。その頃、北海道から国土交通省主催の「BISTRO下水道」を紹介され、岩見沢市は全国

事例を学習するために参加しました。当時の担当者は、農業者による汚泥肥料を施用した農作物の品質向上について非常に感銘を受け、過去の利用の実態を検証し、組合員に対し農業現場での課題や要望などについて聞き取り調査を開始しました。その結果、農業資材高騰等による生産原価の上昇のため、生産コストの抑制などが課題となっていることが分かりました。また、農業者は汚泥肥料の有効性を理解しているため、作業性の悪さを解消できるなら、利用したいと考えていることが分かり、脱水の散布作業支援の提案を受けました。そこで、平成25年から産廃処理手数料（運搬＋処理で約15,000円/t）の予算を一部試験的に散布支援手数料（運搬＋支援で約5,000円/t）に振り替え、組合員の圃場で実施したところ、農業者に口コミで広がり、利用者の拡大につながる契機となりました。

◇ 5 農業者が切り拓いた汚泥肥料有効利用への道

　岩見沢市のある道央の空知地方は、平野部に粘性土地盤が広がり、畜産業が少なく、安価に堆肥が手に入りづらいため、地力の低下を実感している農業者は、緑肥や転作などで圃場の地力の維持、向上に苦心しています。支援作業当初は散布中や散布後の臭気、また所有の少ない散布機械（マニアスプレッダー）を使用するため施用時期が集中し、農作業の工程に支障が出てしまうことのほか、施用量の過多により水稲の丈が伸びすぎてしまい、風雨による倒伏被害が発生するなど、新たな問題も発生しました。当時は、とにかく組合員に利用してもらうことを優先しており、利用した農作物に対する収量や品質などの効果については、まだ不明確でした。このような状況で、組合の副組合長である峯淳一氏は、早くから資源循環型農業に取り組んでおり、脱水の有効利用に試行錯誤を重ねながら、施用量などを独自に研究し、冬期に自己所有の堆肥盤で圃場から排出される農業副産物（稲

わら、モミガラ、麦稈など）と脱水を混合して堆肥を作り、収量や品質の向上などの成果を上げていました。汚泥肥料を施用した峯氏の水田において道産のブランド米である「ゆめぴりか」の規格をクリアし

組合員が所有している協同堆肥盤での肥料切り返し作業

汚泥肥料を組合員の圃場に降ろす

トラックで運搬した肥料を小型散布機に積み込む様子

ライムスプレッダー（乾燥汚泥散布に活躍する）

マニアスプレッダー（堆肥・脱水ケーキ散布に活躍する）

安全確実な農地還元、散布作業の人手不足解消、肥料利用促進を目的とした支援作業を開始し、下水汚泥肥料の需要が高まりました。

下水汚泥肥料はリンと窒素分が多く、炭素分が少ないため、農地への利用には、副資材の併用をお勧めしています。

融雪期には、農地や公共用地で乾燥汚泥を融雪剤として利用しています。大型機械の導入で、作業コストが低く抑えられるうえに、肥料を薄く撒くことができるので、多くの種類の作物に対応が可能になりました。

図1　支援作業の様子

たこと（汚泥肥料を施用した圃場としては、他に先駆けてJGAP認証を受けており、令和元年には農林水産省の特別栽培農産物・米に認定されました）が、「BISTRO下水道」で評価されると、大学などの各研究機関やマスコミからも注目され、汚泥肥料のイメージアップにつながりました。平成27年度には、組合が国土交通大臣賞「循環のみち下水道賞」ネクサス部門を受賞し、翌年の平成28年度に、副組合長である干場法美氏が代表を務める㈲岐阜コントラクターが「全国麦作共励会　集団の部　農林水産大臣賞」を受賞すると、農業者以外の一般市民にも汚泥肥料が広く認知されるようになりました。

◆6　需要拡大への対応

　平成26年には汚泥肥料の全量緑農地利用を達成し、組合員からの需要に全量対応していましたが、平成29年に初めて需要が供給を上回り、全量を提供することができなくなりました。

　全量を提供できない場合、利用者は施肥の回数を増やしたり、圃場を区切って異なる肥料を施肥するなど、作業を増やさねばなりません。これについては岩見沢市でも支援を行っていますが、作業工程が増え、天候による作業ロスも発生しやすいこと等から、汚泥肥料の利用者の減少を懸念していました。しかし、多くの利用者は汚泥肥料の有効性を認識しており、利用者数は減少しませんでした。そこで、岩見沢市は組合と相談し、全組合員に汚泥肥料に関するアンケート調査を実施して、次年度の要望量を調査後、アンケート結果とともに配布予定量を組合の役員会で決定し、回答することにしました。乾燥の要望が多いのですが、脱水の支援内容を説明し、乾燥から脱水に振り替えての利用をお願いしました。平成30年度のアンケート調査では、このような事情を記載し、組合員に最初から脱水で要望してもらうなど、肥料利用の円滑化が図られています。また、平成30年までは脱

水・乾燥双方の圃場への運搬費は岩見沢市で負担しましたが、組合との協議により、令和元年から乾燥は自己負担でお願いし、削減された費用で、要望の多い乾燥の増産を図っています。

7　おわりに

　岩見沢市の下水道汚泥は、普通肥料登録済みですが、特別に調製したものではなく、標準活性汚泥法で産出した脱水と乾燥であり、また、その全量を要望の多い乾燥にする財政的な余裕もありません。しかし、この取組みが市内外から注目されることにより、高知大学の藤原拓教授による勉強会の開催や共同研究のほか、岩見沢市農政部の働きかけにより、（地独）北海道立総合研究機構で脱水と農業副産物の混合による腐熟促進効果の研究が行われるなど、多くの支援を受けました。組合員もこれらに積極的に参加し、さらなる技術力の向上に取り組んだことで作物の収量や品質が向上し、最近では地力向上にかか

| 事業目的 | 「地域を支える持続可能な上下水道」を基本理念として、下水道資源の農地還元の推進を図ります。 |
| 事業内容 | 下水汚泥肥料の緑農地還元促進を目的に、堆肥盤での汚泥堆肥化作業や、圃場での下水汚泥肥料散布作業を支援します。 |

図2　下水道汚泥の活用、再生で資源を循環

る脱水の効果が見直されてきました。令和2年度からは、脱水を混合した堆肥に消臭剤を添加して効果を検証しています。

　農業現場では、後継者不足問題や人件費の高騰など厳しい状況において、圃場の規模拡大やスマート農業の導入などにより、コスト縮減や効率化に取り組む農業者もいますが、離農する農業者も多いのが現実です。農業振興のため、岩見沢市の農政部では様々な事業を実施していますが、汚泥肥料の利用についても、農業経営の持続性が図られていることが大前提です。全量緑農地利用は継続中ですが、令和2年度は組合員数も23名減少して81名となりました。この取組み以降初めての減少です。

　市内で汚泥肥料を利用している延べ圃場面積2,000haは、市内の総圃場面積の10%程度ですが、人口減少により、汚泥肥料の生産量も減少する見込みです。岩見沢市の下水道汚泥は、従来の下水道事業だけで完結する事業ではなく、農業との協働が不可欠であり、他の地方公共団体と連携した汚泥利用の広域化も検討しています。岩見沢市は、幸運なことに高い意識と技術力を持つ農業者に恵まれています。その農業者が、汚泥肥料の価値を見いだし、農業現場での有効利用に工夫を重ね、消費者へ安全・安心で美味しい農産物を届けることができるよう、日々懸命に取り組んでいます。

　岩見沢市の下水道事業は、これからも人口減少により厳しい状況が続きますが、農業との相互利益となるこの取組みが持続可能なものとなるよう、組合員とともに改善に努め、より良い循環型社会の形成につなげていきたいと考えています。

　最後に、この取組みに協力していただいた全ての組合員の皆様、支援していただいた国交省、北海道開発局、北海道庁、佐賀市をはじめとする各地方公共団体のほか、共同研究していただいた高知大学、同志社大学、北海道大学に謝意を表します。

4.3　高知大学と高知市上下水道局の連携事業

高知大学　藤原　拓、吉用武史　　　高知市上下水道局　長崎宏昭

1　地域の大学としての高知大学

　高知大学は昭和24年に設立され、平成16年に国立大学法人高知大学として新たなスタートを切りました。人文社会科学部、教育学部、理工学部、医学部、農林海洋科学部、地域協働学部の6学部、大学院総合人間自然科学研究科、学内共同教育研究施設等から構成されており、令和2年5月現在、教職員2,466名、学生5,482名が所属しています。本学は "Super Regional University" を掲げ、地域にある大学の中でひときわ輝く存在を目指しています。平成27年には地域協働学部を創設し、「地域力を学生の学びと成長に活かし、学生力を地域の再生と発展に活かす教育研究を推進することで、『地域活性化の中核的拠点』としての役割を果たすこと[1]」を目指した教育を行っています。

　また、Super Regional Universityを強力に推進する組織として、平成30年10月に次世代地域創造センターが創設されました。センターでは高知県内の地方公共団体や産業界の皆様とともに、あらゆる地域課題に対して大学の「知」を活かした解決を目指す取組みを進めています。その理念は「敬地愛人」、地域を敬い、その地域に住まう人を愛することで、「地域の大学」として立脚したいという願いが込められています。この理念は、国際・地域連携センター（平成17～25年）、地域連携推進センター（平成25～30年）と組織変遷を経ても変わらず

1　国立大学法人高知大学地域協働学部HP、http://www.kochi-u.ac.jp/rc/about/

受け継がれてきました。10年以上の長きにわたるセンター活動におい
て、市町村との連携は極めて重要な位置付けにあります。特に高知県
には34の市町村があり、広大な県土と急峻な地形、これらに起因する
多様な文化圏が存在するため、市町村合併が馴染まず１市町村当たり
の人口が約２万人と全国最少です（高知県推計人口は691,080人、令
和２年７月時点）。

　一方で、高知大学をはじめとした県内の高等教育研究機関は、いず
れも県中心部に集中しています。「地域の大学」として立脚するため
には、地方公共団体の規模や距離に関わらず連携できる体制が必要と
考え、県内各地にコーディネーター（UBC：University Block
Coordinator）を配置し、大学と地域の各セクターとの橋渡し機能の
強化にも取り組んでいます。令和２年７月現在、県内の15市町村と連
携協定を締結しています。また、協定に基づく覚書や連携事業も拡大
しており、今後、さらなる拡大により「地域の大学」としての基盤強
化を目指しています。

◇ 2　高知市上下水道局による課題解決と経営健全化

　高知市の下水道事業は、昭和23年に戦災復興の事業計画の中で着手
し、これまで４カ所の処理場（県管理の流域処理場を含む）、28カ所
のポンプ場（雨汚水計）、約1,090kmの管きょ（令和元年度末時点）
を整備してきました。

　しかしながら、過去に台風や集中豪雨による浸水被害を受け、雨水
対策を優先的に進めたことから、令和元年度末の下水道普及率は
63.7％と全国平均を大きく下回っている状況です。

　平成26年には、上下水道事業の組織統合を行い、公営企業会計に移
行しましたが、下水道事業は費用を収益で賄うことができない純損失
（赤字）が継続していました。そのため、学識経験者等で構成する「高

知市上下水道事業経営審議会」から意見をいただきながら、「高知市公共下水道事業経営戦略」を策定し、平成30年には平均改定率16％の下水道使用料の改定を行い、経営健全化への取組みを進めています。

　現在は、汚水処理施設の早期概成のための汚水管きょ整備を進めつつ、これまでの豪雨被害や南海トラフ地震に備えた防災対策、急速に進行する施設の老朽化対策など、様々な課題の解決に取り組んでいるところです。

◇3　連携事業で新たな地域社会を創造

　高知大学と高知市は、平成18年に「国立大学法人高知大学と高知市の連携に関する協定」を締結し、平成19年度から平成21年度にかけて「高知市総合調査」（地域の自然・社会に関する総合的な調査）を連携事業の一環で実施するなど、住民福祉の向上および地域の発展や教育・研究の振興に寄与し、新たな地域社会の創造に貢献することを目的に連携を行ってきました。下水道に関しては、高知市、高知大学、地方共同法人日本下水道事業団およびメタウォーター㈱の4者からなる共同研究体が提案した「無曝気循環式水処理技術実証事業」が、国土交通省が実施するB-DASHプロジェクト（下水道革新的技術実証事業）において、平成26年度の実施事業として採択され、高知市下知水再生センターで実証事業を実施しました。その結果、水質基準を満たしながら消費電力量を一般的な下水処理法（標準活性汚泥法）の半分以下に削減できることが確認されました（詳細は本書の「2.2」を参照）。また、平成28年度からは高知大学の張浩准教授による科学研究費助成事業「河川と下水道の連携による雨水管理技術の開発とタイムライン防災への応用に関する研究」に高知市上下水道局が協力するなど、下水道の雨水管理についても高知大学との連携が深まってきました。

　高知市上下水道局では、厳しい経営環境の中、下水道事業コストの縮減が必要なこと、全国的に集中豪雨等による浸水被害が頻発していること、次世代を担う若手下水道技術者の育成が必要なことなど、下水道事業の持続のために解決すべき課題を抱えていました。また、高知大学では、高知市上下水道局との個人ベースでの連携から、組織間の連携へと発展させることが重要であると考え、下水道事業に参画する学生の育成について、高知市上下水道局の協力へ期待が高まりました。これらの背景を踏まえて、令和2年1月27日に「国立大学法人高知大学と高知市上下水道局との持続可能な下水道事業構築に関する連携のための覚書」を締結しました（写真1）。国立大学法人が地域の上下水道局と下水道事業に関する覚書を締結することは、全国でも初めての事例です。

　覚書の概要を図1に示します。「国立大学法人高知大学と高知市の連携に関する協定」（平成18年3月28日締結）に基づき、高知大学および高知市上下水道局の持つ資源を活用し、広く連携協力を進め、持

写真1　覚書の締結式（左：櫻井克年学長、
　　　　右：山本三四年上下水道事業管理者）

第４章　地域協働による持続可能な下水道の実現

続可能な下水道事業の構築に資することを目的としています。

　連携協力事項としては、

（１）下水道事業の高度化、効率化に関すること

（２）下水道事業に関する研究、技術情報の交換に関すること

（３）若手下水道技術者の育成に関すること

（４）その他、目的達成のために必要な事項に関すること

を定めています。

　Super Regional Universityとして地域の発展への貢献がミッションである高知大学は、農林海洋科学部、理工学部、次世代地域創造センター、防災推進センターが中心となり、高知市上下水道局では取組みの実効性を高めるための協議会とその下部組織となる３つの分科会（技術分科会、市民PR分科会、ひとづくり分科会）を設置し、双方が連携して、

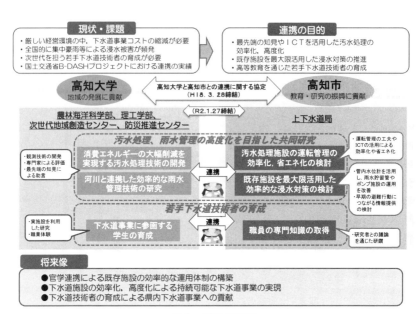

図１　覚書の概要

（1）最先端の知見やICTを活用した汚水処理の効率化・高度化

（2）既存施設を最大限活用した浸水対策の推進

（3）高等教育を通じた若手下水道技術者の育成

に関する取組みを具体的に進める予定です。

（1）については、消費エネルギーの大幅削減を実現する汚水処理技術の開発、汚水処理施設の運転管理の効率化・省エネ化の検討などに両機関が連携して取り組みます。（2）については、高知大学実施の下水道分野と河川分野が連携した効率的な雨水管理技術に関する研究に対して、高知市上下水道局が協力し、この研究成果を参考にしながら、既存施設を最大限活用した効率的な浸水対策の検討を行います。これらの結果を用いて、住民の早期の避難行動につながる情報提供の検討を進める予定です。（3）については、高知大学が高知市上下水道局の職員研修等、専門知識の取得に関して協力するとともに、高知市上下水道局が下水道事業に参画する学生の育成に協力します。例えば、下水処理場や雨水管きょ等の実施設を利用した学生の研究への協力や、インターンシップの受け入れなどです。

本覚書に基づく以上のような連携によって、

（1）官学連携による既存施設の効率的な運用体制の構築

（2）下水道施設の効率化、高度化による持続可能な下水道事業の実現

（3）下水道技術者の育成による県内下水道事業への貢献

などの将来像が期待されています。

4　今後の展望

　地域の大学が上下水道局と覚書を締結し、持続可能な未来の下水道実現に向けて連携して取り組む事例はこれまでにありません。地域のシンクタンク機能を期待される大学と上下水道局の協働は、持続可能

な未来の下水道を実現する上で欠かせないと考えます。本連携事業により、（1）既存施設の効率的な運用体制の構築、（2）持続可能な下水道事業の実現、（3）下水道技術者の育成が進む――と期待されています。高知大学は、単なる政策提言の「Think・タンク」としての機能に留まらず、地域とともに活動する「Do・タンク」、さらには課題解決を実現する「Realize・タンク」、そしてその課題解決活動を維持する「Sustain・タンク」までを期待されていると認識し[2]、地域との協働を今後とも進めていきます。

　本事業の紹介が、地域協働による持続可能な未来の下水道実現を目指す全国の地方公共団体の参考になれば幸いです。

2　高知大学地域連携推進センターHP、http://www.ckkc.kochi-u.ac.jp/aisatsu.html

付　録

資　料　編

資料編

進む人口減少と高齢化

　全国の人口自然減が平成17年から始まった一方で、高知県の人口自然減は、その15年前である平成2年からすでに始まっていました。今後、さらなる人口減少と高齢化が進んでいくと予測されています。表にある通り、令和12年には平成27年時点の人口の84.4％、令和27年には68.4％にまで減少する見込みです。

▽人口自然増減数（全国と本県との比較）

参考：厚生労働省、「人口動態調査」
　　　高知県、「人口移動調査」

-143-

平成27（2015）年の総人口を100としたときの指数でみた総人口

順位	令和12年（2030）		順位	令和27年（2045）	
1	東京都	102.7	1	東京都	100.7
2	沖縄県	102.5	2	沖縄県	99.6
3	愛知県	98.3	3	愛知県	92.2
⋮	⋮		⋮	⋮	
45	高知県	84.4	44	高知県	68.4
⋮	⋮		⋮	⋮	
47	秋田県	79.6	47	秋田県	58.8
	全国平均	93.7		全国平均	83.7

65歳以上人口の割合

（％）

順位	平成27年（2015）		順位	令和12年（2030）	
1	秋田県	33.8	1	秋田県	43.0
2	高知県	32.9	2	青森県	39.1
3	島根県	32.5	3	高知県	37.9
4	山口県	32.1	4	山形県	37.6
⋮	⋮		⋮	⋮	
47	沖縄県	19.7	47	東京都	24.7
	全国平均	26.6		全国平均	31.2

参考：国立社会保障・人口問題研究所、「日本の地域別将来推計人口（平成30（2018）年推計）－平成27（2015）～57（2045）年－」

厳しい財政状況

　財政力指数とは、地方公共団体の財政力を示す指標として用いられ、指数が高いほど財政力が強いとされています。高知県の財政力指数は全国で第46位、全国平均の52.26％であり、厳しい財政状況にあるのが、この数値からも分かります。

$$財政力指数 = \frac{基準財政収入額（H28～H30年度平均）}{基準財政需要額（H28～H30年度平均）}$$

順位	都道府県名	財政力指数
1	東　京	1.17884
2	愛　知	0.91723
3	神奈川	0.89998
⋮		⋮
46	高　知	0.27045
47	島　根	0.26024

	全国平均	0.51754

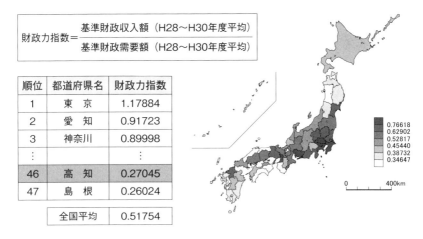

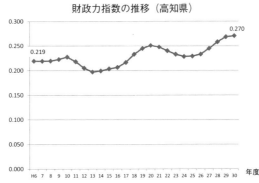

財政力指数の推移（高知県）

（注）・財政力指数は、平成28～30年度の単純平均です
　　　・実質収支比率の全国計の数値は加重平均であり、財政力指数の全国計の数値は単純平均です
参考：総務省、「平成30年度都道府県決算状況調」
出典：高知県HP、https://www.pref.kochi.lg.jp/soshiki/111901/files/2020030600160/k05_D.pdf

ワースト３位の処理人口普及率

　厳しい財政状況や高齢化等により下水道の整備が遅れ、グラフの通り下水処理人口普及率は低迷しています。高知県の普及率は40.1％と、全国ワースト３位となっています。

下水処理人口普及率　ワースト５

（令和元年度末）

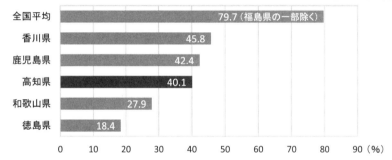

（注）・東日本大震災の影響で福島県の１県に調査できない市町村があったため、一部は調査
　　　　対象外になっています
　　　・都道府県の下水道処理人口普及率には政令都市分を含みます
　　　・下水道処理人口普及率は小数点以下２桁を四捨五入しています

参考：（公社）日本下水道協会HP、https://www.jswa.jp/sewage/qa/rate/

南海トラフ地震が発生したら

　南海トラフ地震で最大クラスの地震が発生すると、高知県全域は強い揺れに襲われ26市町村が最大で震度7に、残りの8市町村でも震度6強になると想定されています。また、体に感じる揺れ（震度3相当以上）が3分以上続く地域もあると考えられています。

最大クラスを重ね合わせた震度分布図（平成24年12月高知県公表）

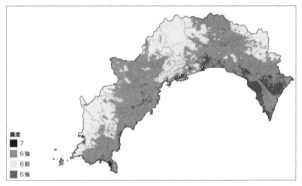

出典：高知県、『生き抜くために南海トラフ地震に備えちょき』

地震継続時間分布図（平成24年12月高知県公表）

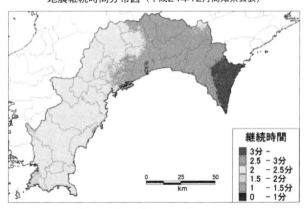

出典：高知県、『生き抜くために南海トラフ地震に備えちょき』

■海岸線での津波の高さ（平成24年８月内閣府公表）

　地震の発生から、早いところでは３分で１mを超える津波が海岸線に押し寄せます。また、浦の内湾や浦戸湾の奥など一部を除く全ての海岸線で、津波の最大の高さが10mを超えると想定されています。

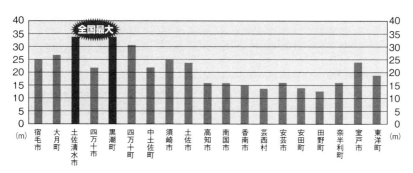

出典：高知県、『生き抜くために南海トラフ地震に備えちょき』

■各市町の長期浸水面積

　地盤の変動により、標高の低い土地が海面より低くなるため、長期にわたって浸水する恐れがあります。特に高知市には、地震発生時に約1.5m地盤が沈降する場所があり、様々な都市機能が集中する中心市街地が約2,800haも長期に浸水すると想定されています。

各市町の長期浸水面積（ha）

宿毛市	大月町	土佐清水市	四万十市	黒潮町	四万十町	中土佐町
559	28	43	188	46	50	48
須崎市	土佐市	高知市	南国市	香南市	安芸市	
336	125	3005	219	128	1	

出典：高知県、『生き抜くために南海トラフ地震に備えちょき』

全国２位の降水量

高知県の降水日数は全国平均程度であるにもかからず、年間降水量は全国２位となっています。そのため、１日の降雨量が多くなり、降雨による被害が発生しやすい状況にあります。

都道府県別年間降水量（2018年度）

順位	都道府県	年間降水量 （mm）
1	宮崎県	3,167.5
2	高知県	3,092.5
3	石川県	2,765.5
4	富山県	2,751.0
5	福井県	2,632.0
⋮		⋮
47	福島県	828.0

全国平均	1,777.7

都道府県別年間降水日数（2018年度）

順位	都道府県	年間降水日数 （日）
1	石川県	185
2	富山県	179
3	福井県	175
⋮		⋮
15	高知県	114
⋮		⋮
47	広島県	81

全国平均	117

参考：総務省、「統計でみる都道府県のすがた2020」、https://www.stat.go.jp/data/k-sugata/naiyou.html

あとがき

　高知県は、全国平均と比較して人口自然減が15年、高齢化が10年先行しており、人口急減・超高齢化社会が到来する日本の未来の縮図といえます。また、厳しい財政状況に加えて南海トラフ地震の発生が予測されるなど、解決すべき課題が満載の「課題先進県」です。下水道事業に関しては、台風や豪雨による雨水氾濫防止や浸水解消などの防災対策に多大な投資を余儀なくされたことから、公共下水道による汚水処理の整備が立ち後れ、下水道の普及率は全国45位となっています。このような状況において、高知県では下水道にかかわる関係者が一体となり、「課題解決先進県」を目指して下水道持続への挑戦を続けてきました。

　持続可能な下水道の実現には、ヒト（人材）、モノ（施設）、カネ（財源）の一体的なマネジメントが必要と言われています。高知県には、モノとカネは十分ではないかもしれませんが、それを補う余りある「人のつながり」があります。高知県における下水道持続に向けた課題を議論する委員会では、下水道事業を行う全ての市町村と大学関係者が委員として一堂に会し、「じぶんごと」として議論に参加するとともに、夜には「皿鉢」を囲んで絆を深めました。下水道持続のために「広域化・共同化」の重要性が言われますが、高知県ではその素地ができていたといえます。

　この書籍において、「高知家」という言葉が何度も出てきます。高知県の人間は、人が大好き。一度でも一緒に飲んだり、遊んだり、仕事をしたら、みんな「高知家」という大家族の一員です。下水道の持続に向けた高知家の取組みを全国に発信するとともに、全国から最先

端の下水道の取組みを学ぶために平成29年度より始めた「高知から発信する下水道の未来」シンポジウム。この書籍では過去３回のシンポジウムの内容を再構成してまとめました。このシンポジウムを通じて、高知家の人のつながりが高知県内から全国に広がりました。シンポジウムの講演者の皆様、参加いただいた方々、司会をしていただいた歴代のミス日本「水の天使」の皆様、そしてこの本を読んでいただいた方々。みーんな、「一つの大家族、高知家！」の一員です。

　これからの時代は、地域ごとに異なる課題を解決するために、ますます「人」が大切になると思います。この本を読んでいただいた「高知家」の皆様へ。この「人のつながり」を大切にして、一緒に下水道持続に挑戦していきましょう。

　最後になりましたが、本書出版に際しては「高知家」の新メンバーとして、日本水道新聞社の野口ひかりさんに大変お世話になりました。編集委員の熱い思いを一冊の書籍にまとめることができたのは野口さんのおかげです。また、「高知家」の常連、高島早緒さんには、出版の実現に向けて力強いご支援をいただきました。お二人に感謝の気持ちを記して、あとがきを終えたいと思います。

編集委員会

執筆者一覧 （掲載順）

藤原　拓

高知大学

植松　龍二

国土交通省水管理・国土保全局下水道部長

小松　真二

高知県土木部公園下水道課

香南市上下水道課

尾﨑　歩

高知市上下水道局

西村　公志

須崎市建設課

橋本　敏一

地方共同法人日本下水道事業団

北川　三夫

独立行政法人国際協力機構

土居　智也

高知市上下水道局

加藤　文隆

いの町上下水道課

伊藤　智則

北九州市上下水道局

張　　　浩

高知大学

寺田　智勝

岩見沢市水道部

吉用　武史

高知大学

長崎　宏昭

高知市上下水道局

編集委員会

高知大学	藤原　拓
高知大学	張　浩
高知大学	吉用　武史
高知県　土木部　公園下水道課	田中　毅
高知県　土木部　公園下水道課	南　彩
高知市　上下水道局	長崎　宏昭
高知市　上下水道局	土居　智也
高知市　上下水道局	松本　慎也
高知市　上下水道局	石川　直也

※執筆者、編集委員の所属は発刊当時のもの

下水道持続への挑戦
課題解決先進県「高知」からの発信

定価（本体1,800円＋税）

令和 3 年 1 月25日発行

監修：藤原　拓
表紙デザイン：梅原デザイン事務所
発行所：日本水道新聞社
〒102-0074　東京都千代田区九段南 4 - 8 - 9
TEL 03（3264）6724
FAX 03（3264）6725

印刷・製本　美巧社

落丁・乱丁本はお取替えいたします。
ISBN 978- 4 -930941-75-6　C3036　￥1800E